献给孩子的博物美文

我的植物朋友

祁云枝——著

長江出版傳媒 | 长江文艺出版社

图书在版编目（CIP）数据

我的植物朋友 / 祁云枝著. -- 武汉 : 长江文艺出版社，2024.5
ISBN 978-7-5702-3514-8

Ⅰ. ①我… Ⅱ. ①祁… Ⅲ. ①植物生态学－普及读物 Ⅳ. ①Q948.1-49

中国国家版本馆 CIP 数据核字(2024)第 062438 号

我的植物朋友
WO DE ZHIWU PENGYOU

责任编辑：叶　露　施柳柳　　责任校对：毛季慧
整体设计：一壹图书　　责任印制：邱　莉　胡丽平

出版：长江出版传媒 | 长江文艺出版社
地址：武汉市雄楚大街 268 号　　邮编：430070
发行：长江文艺出版社
http://www.cjlap.com
印刷：湖北新华印务有限公司

开本：700 毫米×1000 毫米　1/16　印张：11.25
版次：2024 年 5 月第 1 版　　2024 年 5 月第 1 次印刷
字数：135 千字

定价：35.00 元

自序　书写草木的美好

从2014年开始，我每周都给自己定了任务，写一种身边熟悉的草木，写草木生存繁衍的智慧，写草木的美好，写草木带给我的生活启迪。

为什么是2014年？因为这一年，我晋升为研究员。正高职称解决后，我重新审视了自己的工作。我发现，和做研究比起来，创作更能激发出我的热情。当我拿起笔，用文字去展示草木的深谋远虑或是豪迈乖张的时候，我情绪高涨，开心快乐。

是草木改变了世界。它们遍布世界的角角落落，供给并维持了地球上几乎所有生命的存活。草木还以无可比拟的美，装点眼前的世界。它们实际上都是一个个奇迹。

在我眼里，每一株草木，都通往一个神秘的国度。还原一株草木的智慧，甚至是狡黠，会调动起我全部的知识储备和情感。这样描摹草木的时候，我觉得草木似乎也认定了我，从岁月深处走向我，并引领我。

吴冠中说，他常以昆虫的身份进入草丛。我也是这样，常把自己缩小，小到以一只蜜蜂，或者一只蚂蚁的身份去观察植物。

也有时候，我觉得自己富有得像个皇帝，草木，就是我的三千佳丽。它们，都热衷于向我展示自己的聪颖和美丽。

草木多种多样，或奇异或美妙，或性感或优雅。它们身上闪闪发光之处，是花朵。大多数花朵都拥有花瓣和支撑它们的花萼，它们要把花朵里的花粉借助于媒婆（昆虫、鸟兽、空气、水流等等）传递给另一朵花儿的子房。这个行为，在植物学上叫作传粉。传粉是所有花儿的终极目标。

无论花儿使用了多么令人惊讶的技能，抑或是运用了不怎么高尚的诡计与怪癖，都出于一个目的——最终发育为果实和种子，并送种子远离自己，以便更好地传宗接代，扩大生存疆域。

种子,是草木的孩子,这个曾经生长在花朵核心部位的小小个体，必须很快脱离母体的羁绊，去更远的地方开疆拓土。否则，这个新生命会和母亲以及自家兄弟姐妹们争夺生存的必需品：阳光、空气、水分、养分等等，结局可想而知。那么，没有腿、无法行走的种子，到底要怎样去开拓新的疆域呢？弹射、飘浮、被火烧、被吞食，抑或悬挂在动物的皮毛或人类的衣裤上……描述这些充满智慧的神奇场景时，我常常心存敬畏，也对这些草木朋友更加着迷。

越了解草木，就越喜爱草木，因为草木是文化，是哲学，是人学，也是性灵的存在。

每写一种草木，哪怕是我最熟悉的植物，我都要先在科技论文里去了解它，了解它的科学属性，看它最新的研究进展。在搜集资料时，我如果发现了令人着迷的动植物联盟，或是发现它复杂奇巧的生理结构，抑或是草木具备的奇特的生存繁衍妙招时，我的开心，就不亚于哥伦布发现了新大陆。此时，我眼前的草木，已是一个全新的朋友，一位亟待被更多人认识和分享的朋友。

于是，我的笔下，就有了众多的草木朋友。虽然我是搞科研和科普的，但我的草木书绝不会是一本科学的专业论著，给大家正儿八经地讲述知识。这本书也并非仅仅是观察摘要，更不是草木的歌咏史和赞美诗。我写作时，尽力用文学语言去描述我的理解，尽可能地还原植物的性情与智慧。我希望我与草木的亲密互动，能令读者尝试着寄情自然，亲近草木，从而爱护我们的生存环境。

在创作中，我喜欢捕捉草木与命运抗争过程中所呈现出来的柔软与坚硬、平和与挣扎、无奈与向往。譬如梭梭以速度定成败，岩蔷薇的母爱自私却大无畏，白杨因为有了竞争才辉煌，包心菜可以雇杀手除敌，花柱草居然暴打媒婆，石斛可以与飞鼠生死与共，等等。

草木朋友给予我的美好无边无际，它们让我更加热爱这个世界。

深入地了解草木，让我受益匪浅。解读草木的同时，我也知道了未来的自己该前往何方，并活成什么模样。

我的世界，因了草木和书写，变得丰盈而美好。我觉得自己就是《拾穗》里的一个妇人，低头、弯腰在收割后的麦田里，无比虔诚地捡起一个个麦穗。草木，给予我的，都是饱满的、令人欣喜的麦穗，我只需要一支笔，就可以俯身拾起它们。

进入草木的书写，也常常让我忘记生活中缠绕自己的烦恼、焦虑和忧伤。我找到了属于自己的解压方式，几天不动笔，手就痒痒。只是，在书写草木的时候，我常常为自己文字和想象的贫乏苍白而懊恼，因为草木或是自然本身，是令人诧异的妙不可言。

日子，就这样在我与草木的凝视与对话里，在键盘噼里啪啦的响声中，哗啦啦流过。每篇关于草木的文章，都像是一只可爱的小鸟，它们羽翼渐丰、美丽聪颖，从我的指尖纷纷起飞。

如今，我的小鸟们有了美好的“橄榄枝”可栖——《我的植物朋友》，并藉此飞向更加广阔的天地。

感谢长江文艺出版社，感谢少儿部叶露老师的悉心编辑，将《我的植物朋友》一书隆重推荐给喜爱草木并渴望了解草木的读者。

2024 年 1 月 15 日

目 录

第二辑　植物的智慧

第三辑　植物与人类生活

第四辑　动植物共生共荣

第一辑 植物的心语

香椿——事不过三

香椿是一种独特的植物，人们喜欢和不喜欢香椿的理由，皆与它那独特的气味有关。

在喜欢的人眼里，香椿的味道是清香，是醇香，是“香风惊艳，簇簇嫩、枝头灿烂”。他们直呼香椿为香芽儿，凉拌热炒来者不拒，整个一副饕餮的嘴脸。不喜欢的人呢，大概连它的味道想都不愿想。有人曾发过这样的微博：香椿对这个世界究竟有多大怨恨，居然散发出这么鬼畜催呕的气息？

我女儿就不喜欢吃香椿，她说香椿炒鸡蛋里有股臭屁虫的味儿。她说这句话时的动作和表情，让作为香椿粉丝的我，瞬间失去了对香椿的狂热。

香椿，大约希望所有的人都不喜欢它吧，对于人类送自己的外号“树上熟菜”，肯定也是深恶痛绝的。

原产于中国的香椿，没有想到，在两千多年前的汉代，作为高大乔木的自己是以蔬菜的身份与荔枝齐名，并成为贡品的；也没想到世界上唯一食用香椿芽的国家，竟是自己的故乡。

香椿没想到的事情多啦。

起初，香椿像个高深莫测的化学家，一股脑儿鼓捣出三四十种挥发油、酯、醇、酚、酮类物质以及硝酸盐、亚硝酸盐等化学成分，添加在自己的枝叶里。其目的是要警告食草动物和昆虫——这里是禁食区，最好离我远点！

出乎香椿的预料，人类，准确地说，是一部分人类，却迷恋上这种奇怪的味道。再高的香椿树，也难不倒有一张垂涎的嘴巴的人。借助工具、手脚并用，他们将香椿孕育了整个冬天的嫩芽，撕扯下来据为己有。

一些人，甚至别出心裁地登上梯子，给自己枝头的一簇簇叶蕾，扣上一枚枚鸡蛋壳。光秃秃的枝头因此仿佛戴上了一顶顶小白帽，又似结了一只只的鸡蛋，远远看去，像马戏团的小丑一样好笑。末了，人们会将“蛋”采收，一一磕开蛋壳后，里面即露出黄绿色、紧紧拥

抱在一起的鸡蛋形的嫩芽和嫩叶。说是这样的香椿，口感特别棒……

作家张晓风的散文《香椿》，开头是这样写的："香椿芽刚冒上来的时候，是暗红色，仿佛可以看见一股地液喷上来，把每片嫩叶都充了血。"读到这里，我对作家细致的观察力和描述能力佩服得五体投地。嗯嗯，接着看吧："我把主干拉弯，那树忍着；我把枝干扯低，那树忍着；我把树芽采下，那树默无一语。我撇下树回头走了，那树的伤痕上也自己努力结了疤，并且再长新芽，以供我下次攀摘……"我不明白了，作家这样写是想表达对香椿树忍耐力和博爱的尊敬，还是在说人类的自私自利呢？

当人们变换花样再三攀折香椿,并自顾自地"咬春""嚼春""吞春"的时候，有谁真正站在香椿的立场上想过，懂得香椿的苦与痛？

接连受伤的香椿，不得不琢磨对策。香椿做的第一件事情，是让自己的青春期变得非常短暂——不几日，原本鲜嫩的香椿芽，就变得粗枝大叶、粗糙不堪。

第一次被人掐掉后，好脾气的香椿会长出二茬，但品质明显比头茬差一截，叶肉也显得羸弱许多。如果这时还有人觉得不过瘾再次掐掉的话，第三次香椿树萌发出的嫩叶，已经难以下咽了——叶脉发柴，木质纤维粗糙，嚼都嚼不烂。

当香椿第三次长出嫩芽时，时令已经进入夏天。如果这个时候还有人不懂得香椿树的"语言"，管不住自己嘴巴的话，香椿树会以"死"抗争——发蔫，然后死给你看！

看来，香椿也知道春秋战国时期"一鼓作气，再而衰，三而竭"的典故。

香椿的做法，正应了这句俗语："有再一再二，没有再三再四。"

人世间的事情，亦大抵如此。

萱草忘忧

晚上，去外面吃饭，朋友点了一份汤说，咱们来一份忘忧汤，把现实里的不愉快全部忘掉吧。

嗯？忘忧汤，这名字好有诱惑力。

及至汤盆上桌，一看，不禁哑然失笑，同时也暗暗佩服饭店主人的精明。

这忘忧汤的主料，是黄花菜。黄花菜在植物学中，属于萱草的一种。萱草的品种很多，大多入眼不入口。而萱草，在《诗经》中有个好听的名字叫“谖草”,“谖”是“忘却”的意思,因而萱草有“忘忧草”之名。

呵呵，这家店主将黄花菜汤冠名忘忧汤，绕了多大一个弯啊，而且还偷换了概念。但这并没有妨碍到谁，甚至因给朋友解释这汤名，两个人哈哈大笑一番，俨然已经忘却了尘世间的烦恼。

一种我们司空见惯的蔬菜,在某一天,突然披了件好看的“衣服”,以另一种“身份”出现。这于平淡无味的生活，就是一份让人惊喜的“作料”。

第一次得知萱草能够忘忧，是在白居易的诗里：“杜康能解闷，萱草能忘忧。”当时职业病般地想肯定是萱草中的某种化学物质，有解郁化忧的功能。但是遍查资料，也没查出个所以然。倒是追根溯源，查到《诗经·卫风·伯兮》一诗中“焉得谖草，言树之背”这一句，看注释时才恍然大悟。

一位思念远征丈夫的妇人，头发乱了也没心思梳理，更没有心思涂脂抹粉——我打扮给谁看呢？……当相思成疾，妇人自心底一声叹息：“焉得谖草？言树之背。”——我要到哪里去找得一株萱草呢？把它种在北屋的堂前，好让我忘掉这一切！

原来，妇人想依靠种植萱草时的忙碌，心为物移，忘掉对夫君的思念和忧愁。——这该是萱草忘忧能力的正解，与心理学有关，与化学无关。

“萱草生堂阶，游子行天涯。”在孟郊的这两句诗里，萱草也为“忘忧”代言。孩子临出发前种在母亲院落里的金灿灿的萱草花，就是母亲日日堂前的安慰——天天有花开，日日有菜采。忙碌之间，母亲也就忘了思念之苦，忘了忧愁……

相比之下，我更喜欢萱草的另一个名字——疗愁。

“疗愁”一词，渗入了积极和主动的成分，一扫“忘忧”的阴霾，听起来不再那么消极和避世。人活着，就该积极主动一些，为自己，也为相爱的人。

萱草开花，其实挺有深意。具体到每一朵花，都是朝开暮落——凌晨开放，日暮闭合，午夜萎谢，只有一天的美丽。单看这 daylily（一日百合），让人伤感，有匆匆易逝的况味，仿佛转瞬少年老，心底落满尘埃。然而综观全株，却可以看到一场美丽的接力。一枝花茎上二三十朵花骨朵，每天都是你方唱罢我登场。如此这般，轰轰烈烈

的花期，竟然可以持续整个夏天，整个夏天的心情，自然也是舒爽的。

萱草的叶片细细长长，一丛丛生长在基部，有着兰草的雅致。一支支花茎从叶丛里抽出，高高举出橘红和橙黄的花朵，在堂前、在庭院，坦然自若。

萱草的碧叶丹花，适合生长在诗词典故里。

当然，我更希望它绽放在思念者的心头——放下忧愁、快乐无忧！

梭梭——速度定成

梭梭、琐琐、锁锁、扎格（蒙语），无论叫什么，梭梭都是一种外形普通而品格优异的荒漠植物。在沙漠这个荒芜的生命舞台上，梭梭成功演绎了生命智慧多谋、勇敢无畏、锲而不舍的奇迹。

如果你愿意俯身片刻，了解一下这种植物简单的工作，就不难在它的根、茎、叶乃至种子里，发现勇敢而智慧的迹象……

烈日的烘烤和狂风的撕扯，铸就了梭梭钢铁般的枝干，坚硬得连斧头也难以砍断；梭梭用长达 5 米的根，把被风扬起的沙粒抓住，竭力追寻生命之源的水；根系被风蚀，裸露出一米多，狂风袭来依然可以岿然不动；为减少蒸发、减轻风的杀伤力，它甚至舍掉了自己的绿叶，用新发的绿色嫩枝进行光合作用；梭梭的花被片，在果实成熟时，不仅不脱落，反而会变成稍大点的“盾牌”，呵护果实。在果实背部，梭梭还为自己装备了一对横生的翅膀，长出翅膀的果实，自然能驾风飞翔到很远的地方……

最让人敬佩的，为了抓住沙漠中那贵如油的几滴水，梭梭练就了世界最快的种子萌发速度——一旦遇到雨水，两三个小时之内，就能迅速生根发芽，长成一株小梭梭。

而我们常见、发芽最快的蔬菜种子白萝卜和小青菜，2 ~ 4 天后才能出芽。草莓种子，发芽需要半个月到一个月。

急速发芽，只是梭梭把握的第一次机遇，要真正屹立荒漠，梭梭还必须紧紧抓住第二次生长机遇。从这个时候开始，小梭梭把自己全部的心思、注意力和精力，都集中准备进行下一轮的冲刺了。

因为，稚嫩的小梭梭，一出生就不得不面对一个更加严峻的现实——若来不及扎根，一场狂风过后，它们小小的身躯就会被连根拔起，顷刻间便埋在漫漫黄沙中了。因此，小梭梭一旦发现有生存的机会，不是先把枝叶伸向蓝天，而是以最快的速度，把根扎到地下。

梭梭的种子很小，千粒才重 3.25 克。但就是这细小的生命，它们的心里却装有森林。这信念，让它们平静从容地抗击沙漠里的干旱、风蚀、沙埋、酷热和严寒……

没有雨水的日子，梭梭静静地站在沙丘上。这时它们是不会去学哈姆雷特，讨论生存还是死亡的问题。梭梭只想抓住机遇——一旦有一场雨，在很短时间内，梭梭就会将根扎下去一两米！在我们看不见的地下，编织出蓬勃的生命之网，唱响沙漠里最动听的歌。尽管地下部分还很幼小，但梭梭懂得，有了根基，才会拥有沙漠。

“梭梭滩上望亭亭，铁干铜柯一片青。”梭梭点绿荒滩、傲风斗沙的生态价值，也赢得了清朝诗人纪晓岚的尊敬。

几乎所有的资料上都说，梭梭的种子，离开母体后只能活几个小时，是世界上寿命最短的种子之一。对这个说法，我不敢苟同。

沙漠里降水量极少，几个月不降水的现象，也时有发生。

10 ~ 11 月，是梭梭种子的成熟期。成熟后的梭梭种子，能在几个小时内，恰巧遇到足够的降水来萌发吗？种子萌发，是梭梭繁殖后代的唯一途径，如果真的一年中的这两个月没有雨水，野生的梭梭岂不断子绝孙了？聪明的梭梭，练就了那么多适应严峻沙漠的生存技能，怎么会在这方面疏忽呢？

千百年来，梭梭没有在荒漠上消失，说明梭梭的种子绝不会仅仅拥有几个小时的寿命。当然，梭梭能够在荒漠中安家落户，起决定作用的，是梭梭无与伦比的萌发和扎根速度。

突然觉得，梭梭的生存故事，对人类也不无启示。

在我们生命的长河里，没有机遇会为谁独自停留；成功，需要速度。古人云："激水之疾，至于漂石者，势也。"——是速度，决定了石头能否在水面上漂移。同样，要想拥有成功，就需要赋予人

生足够的速度。

如果在机遇来临时，迟迟不采取行动，那么从身边溜走的，不光是转瞬即逝的机遇，还有，成功和快乐！

速度，是成功者如梭梭般昂首生命荒漠的姿态，是可以定成败的。

菊花范儿

菊花，大家都不陌生。在植物这个大家庭里，菊科植物，可是名门望族呢。

从初春到秋末，菊花那由舌状花围成的紧密而优秀的大脑袋，在公园、街头、山野、湖畔，随处可见。

“菊”，古时也作“掬”“鞠”。所谓“掬”，就是用两只手捧着一把米。菊花的头状花序生得十分紧凑，“掬花”，即是紧密团结之花。平时被看作是一朵花的，实际上是一个类似于“大脑袋”的头状花序，由几十朵小花密集长在一个扁圆形的花托上组成。被人们叫作一片“花瓣”的，才是一朵真正的花。

没有一类植物能比得上菊花，可以在春、夏、秋三季里，你方唱罢我登场；也没有一类植物，能像菊花那样姿态万千、占尽芳华——全世界有两万到两万五千多个菊花品种，中国也有七千个品种以上呢。瞧，这真是一个让人惊叹的巨大家族!

上到“皇室贵族”，下至“平民百姓”，每一种菊花，都有型有范。形形色色的菊花 style，不仅为我们提供食品、饮品和药品，还奉献美丽、魅力、哲学乃至幸福。

初春，最早从泥土中钻出的菊花，是雏菊。在西北料峭的寒风里，大多数植物还沉浸在冬眠的美梦中，雏菊那圆嘟嘟、毛茸茸的笑脸，已在太阳下，现出不自禁的兴高采烈。有时，初春的寒气，会在雏菊的身上凝结成一层白霜，可那一张张无邪的笑脸，却从不因寒冷萎靡退缩，太阳升起来时，抖落白霜，依然笑得开心、烂漫——这让我在感动之余，也会为自己的懦弱悲哀。

暮秋，漫天飘零的落叶和一阵紧似一阵的秋风告诉我，这一年，绿色生命的盛宴即将过去，作为北方人，不得不面对漫长的萧瑟和枯黄。然而，菊花可不这么想。

这漫过树梢的秋风，是菊花华丽启程的集结号呢。

看，如诗赛画的菊花美

眉们盛装登场啦：龙飞凤舞、冷艳圣洁、雍容华贵、亭亭玉立、小巧玲珑、火焰般热烈、月夜样静谧，或倚、或倾，似语、似笑，如歌、如舞……任何华美的词语，用来描述它们，都显得苍白无力！任何人工秀场，和本季的菊花比起来，也都委顿了下去。一朵朵菊花，如一篇篇缱绻美文，是值得仔仔细细品读的——菊花外表的柔媚和骨子里的沉毅，使秋天变得让人无比眷恋。

如果说这些倾城倾国的观赏菊，是菊中的“贵族”，那么，从春到秋连绵盛开的野菊花，便是“平民”菊了。黄色、紫色、白色、粉色的野菊花，在路边、田埂、篱笆、墙脚和山谷里，朴实、悠然地哼着山歌，用平凡的姿容，栉风沐雨，花开无言，落花无声。它们弱小的身躯相互偎依，总带着恬淡的微笑，静静地摇曳出淡泊、朴素、从容……人淡如菊，说的，就是这无关风月的野菊花吧。

“朝饮木兰之坠露兮，夕食秋菊之落英。”观赏菊花，明媚了人的眼睛后，于落英缤纷时，依然可以走上餐桌，在杯盘中化作美食，继续明媚人的口和胃。

杭白菊、黄山贡菊、甘菊等，甚至愿意在人类的茶杯里，与沸腾的开水共舞，用那份泰然的姿态、表情和清香，清爽人的眼眸身心，缓解人类的眼睛干涩、视疲劳、视力模糊……

产于安徽亳州的亳菊、滁州的滁菊、河南北部的怀菊、浙江德清的德菊和四川中江的川菊，肯定不介意人类说自己是一种天然的药物。口干舌燥、头晕目眩、目赤肿痛等等症状，在这些菊花的眼里，都是“小菜一碟”。喝几杯菊花茶，晚上枕菊花枕入眠，就 OK 啦——这恐怕是唯一浪漫且叫人喜爱的治疗方式吧。

菊花，另一个最得意的兼职 style，是“延寿客”。光绪三十一年 1905 年 11 月，御医张仲元为慈禧制作了“菊花延龄膏”，深得慈禧的欢喜。当然，菊花虽有延寿功效，喝再多延龄膏的慈禧，也不可能一直活到现在。但这并不妨碍这些古代的“延寿客”，在今天依然被人类应用于疏风、清热、明目、益寿和解毒，也不妨碍人类在散发着菊香的睡梦里，把祛病强身、延年益寿这样的重任，全权交付给小小的菊花。

呵呵，身体健康的人，是可以把菊花看作美女、看作君子的。甚至，也可以像陶渊明先生那样，将菊花与东篱和南山联系在一起，吟咏出幸福的闲情逸致：“采菊东篱下，悠然见南山。”

红蓼醉清秋

上中学时，在一本类似《中国历代画作精选》上看到红蓼时，着实吃了一惊。小河边普普通通的野荞麦，被我们叫作“狗尾巴花”的家伙，竟然有一个雅致的名字：红蓼。因为，那幅一花一鸟一水的工笔画，名叫《红蓼水禽图》。

隔了这么多年，我依然可以清晰地记得那幅画面。通体赭石色的背景，一只褐色的水鸟站在被压弯了腰的红蓼枝条上，窥视着水里的鱼虾，伺机而动。红蓼上点点盛开的粉红色花朵，是画面上仅有的亮色。

后来，还是在画册里，相继看到了著名的文青皇帝宋徽宗赵佶的名作《红蓼白鹅图》，清代马荃的《红蓼野菊图》。齐白石齐大师一人至少画过五幅红蓼——《红蓼双鸟》《红蓼群虾》《红蓼珍禽》《红蓼青蛙图》《墨叶红蓼》。

从此，我看红蓼的眼神里也多了几分欣赏。红蓼多生在田埂水畔，枝茎细长错落，蓼叶扶疏，枝节处泛出淡红。花期，玫红、粉红低垂的穗花，在秋风中摇曳时，犹如小姑娘抿嘴巧笑，的确符合国画含蓄和简约的特点。

再后来，发现红蓼不仅明媚在画里，也芬芳在一首首古诗词中，想必，“红蓼”一词，也是当时十分流行的词汇。

红蓼，的确是很古老的植物，一直是古代文人眼里的风景，映照着心事，映照着清秋。

“秋波红蓼水，夕照青芜岸。”在白居易的眼里，水塘边若没有红蓼，秋天的水面便没了神采。“老作渔翁犹喜事，数枝红蓼醉清秋。”遍赏名花的陆游，老来，觉得几枝普普通通的红蓼，也能令他陶醉。《西游记》里也有“白蘋红蓼霜天雪，落霞孤鹜长空坠”等关于红蓼的文字。“江南江北蓼花红，却是离人眼中泪。”琼瑶阿姨借笔下紫薇之口，道出了千百年来离人执手天涯的无奈，让人扼腕叹息……

在我的印象中，河滩上红蓼最大的用途，是夏天收割回家，晾干后驱赶蚊蝇。只是它的气味太过辛辣，熏蚊蝇时间长了眼睛受不了。夏季的夜晚，一家人坐在院子里乘凉时，会点燃晒干的红蓼驱蚊，红蓼的茎节在燃烧时噼里啪啦的声响，如儿时元宵节晚上手中点燃的“鸭子下蛋”。多少年后，每当我点燃蚊香或是插上驱蚊灯时，耳

边总响起当年红蓼燃烧时轻微的噼啪声。

红蓼绝对没想到，自己鼓捣出来驱赶食草动物的化学物质，被人类开发出了好多用途，不仅驱蚊，而且用作食疗的佐料——人在煮鱼时会把红蓼叶子塞进鱼腹里祛腥。它和葱、蒜、韭、芥，并称“五辛”。不知从何时起，红蓼还肩负起治疗疾病的责任，如祛风除湿、清热解毒，治疗痢疾腹泻、水肿痈疮等。《本草纲目》说：“常食，温中去恶气，消食下气……”

据说，春秋时期越王勾践“卧薪尝胆”的典故中，“薪”，不是任意植物的薪柴，而是红蓼。“卧薪”是“目卧则攻之以蓼薪”。也就是说勾践在疲倦困乏的时候，会用红蓼的辣，来刺激一下眼睛，眼泪流下来了后，人也就清醒了。勾践用这种方式，时刻提醒自己不要懈怠，不要忘记家仇国恨。所以说红蓼在战胜吴国中功不可没，也在“卧薪尝胆”的故事里，催人奋进了千年。

文学艺术中的雅与生活的俗，像两条潺潺的江河，在红蓼身上神奇地合二为一。故乡的小河，也因红蓼的点缀，从此永远诗意地流淌在我的记忆里。

西安植物园的药用植物区，也种植着一片红艳艳的红蓼。国庆期间，陪几拨朋友转悠，竟然没有人能叫得出它的名字。现代技术和网络，将人和自然隔得越来越远了。

最近在网上看到过一个提议，欲将红蓼设为中国的国花。

理由有三：一来生命力旺盛，寓意国运亨通；二来不择土壤，东南西北都有它的身影，寓意和谐、安宁；三是重在子实，象征食粮（如水稻、小麦、谷子等），是大家赖以生存的基础。

呵呵，想想也确实是这么回事。

在这个草根文化蓬勃发展的时代，有人推选红蓼做草根派国花，我自然毫不犹豫地点赞。

凤仙花——带我经历初夏

6 月，西安的夏天还没有真正到来。百卉苑成千上万场花儿的婚礼后，渐渐有了绿肥红瘦的感觉，白天阳光潋滟，夜晚舒爽宜人。这是植物园最好的时光之一。

傍晚在园中石子路上散步时，女儿朝朝问我，指甲花开了没有？自从去年端午放假，给她用凤仙花的花瓣染红指甲后，在她眼里，这会儿，可以染指甲的凤仙花，远比晚霞、花香和清风有趣多了。

用凤仙花染指甲，也是我童年的一大乐趣，那鲜红可爱、数月不褪的蔻丹，曾是童年最耀眼的化妆品。

傍晚，满园锦绣，唯有凤仙花能唤起我对童年的莞尔一笑，我怎么能让朝朝错过呢？

小小一片凤仙花，背依一大丛鸢尾，静悄悄地在风中摇曳，桃叶般细长的叶下，层层叠叠的花朵探头探脑。水灵灵的色彩，似乎随时会从花瓣中滴落。暮色中，身着红花、粉花的凤仙，分明是童年一起嬉戏打闹的玩伴。

“俗染纤纤红指甲，金盘夜捣凤仙花。”当凤仙花的娇艳，伴着明矾或食盐的温度烙印在小小的指甲上时，凤仙花，在许多人的记忆中便挥之不去了。

花，不一定要高贵，也不一定要妖娆，但一定要独特。花如此，人，也该如此吧。

“妈妈，指甲花打我呢。”呵呵，之前没告诉女儿，凤仙花毛茸茸的种荚，具有奇异的活力和能量。成熟时，只要轻轻一碰，就会因为痉挛性收缩，以不可思议的初速度，弹射出很多籽儿。急着摘花瓣的朝朝，怎能不挨打呢？

然而，凤仙花的这种性格，却分明迎合了孩子调皮的心态，待她知道了缘由，反而专注地挨个儿去碰凤仙的种荚。看着鼓鼓的种荚，在自己的手下一个个砰然炸裂，荚瓣向内卷弯收缩，将种子以漂亮的抛物线弹出，朝朝乐得手舞足蹈。

此时的凤仙花，也一定特别高兴，它的目的达到了——凤仙的

子孙在朝朝的触碰下，奋力弹射到更远的地方，一些种子的射程可以达到一两米。

我曾经在显微镜下，认真观察过凤仙花神奇的果荚，试图发现其活力的根源。但我看到的只是卷曲了的荚瓣，我触摸不到它发力的神经。

与植物打交道多年，自认为最了解植物，却始终无法解释这神秘的力量。这未知，或许，正是植物吸引我坚持了解和研究的魅力所在吧……

站在凤仙花的立场上，它的英文别名 Touch me not（别碰我），该有多别扭！我想凤仙花如果会说话，它肯定主张：叫我 Touch me 好了，把后面的 not 去掉！

当初给凤仙花起名的人，绝对不了解凤仙花的心思，也低估了植物的聪明智慧。

凤仙花种子虽然性子急，凤仙花的性情却低调、安静，甚至是随和的，它们不择土壤，随时随地都可以发芽、开花、结果。

温婉的凤仙花怎么选择了充当射手？这，是它用智慧扩大地盘呢。

在如何“开拓疆域”方面，植物的智商远远超过人类。植物世世代代都在与“无法走动”的命运抗争着。为此，它们发明了花朵、发明了香味、发明了甜美的果实，发明了会飞、会发射、会爬行的种子。目标只有一个，利用昆虫、利用风、利用鸟、利用兽等一切可以利用的传媒，将种子递送到更加宽广的领土上。

此刻的朝朝，在凤仙花的眼里，就是一个可以帮忙递送种子而又自得其乐的“媒介”。

正是由于无法走动，植物最大的竞争对手，是自己的亲戚甚至母亲！想想看，一棵树成千上万颗种子，如果都掉落树下，将是多么可怕的事情——一场关于土地、阳光、肥料的争夺战会不可避免地在家族中残酷上演，而结果显而易见——种子们要么腐烂，要么注定在不幸中萌发。

因此,千百年来,植物妈妈们一直不屈不挠、想方设法为子女“设计、制造”远行的装备——枫树种子的螺旋桨、苍耳的钩刺、蒲公英的降落伞、莲蓬的临时航船等等。妈妈们借助“高科技”，鼓励并支持孩子们离家出走——如果人类在这点上可以超越植物的话，“窝里斗”这个词恐怕早就从我们的眼前和嘴边消失了。

没有学过物理的凤仙花、枫树、苍耳和蒲公英们，怎么这么了解机械动力学的原理？这么独特、聪明的发明是怎么想出来的呢？植物在地球上现身时，还没有人类，更没有可以借鉴模仿的对象，植物这些小小的创造发明和令人惊讶的手段，是怎样在黑暗中摸索得来？遇到过怎样的障碍？经历过多少次失败？以怎样顽强的毅力，一步步变成我眼前的这个样子呢？

一粒被朝朝碰触了的凤仙花种子，射在我的小腿肚子上，关于植物智慧的思索，戛然而止……

从认识部分植物开始，到知晓几千种植物的秉性和心思，植物，早已融入了我的日常生活。与植物相处越久，越能够体会它们的聪明智慧以及无处不在的完美。我想，对于植物，对于眼前的世界，我开始有了一些领悟。

这么想时，看着晚霞中的凤仙花和女儿朝朝，微笑：是你们，给了我快乐、执着和不懈探索的动力。

这个傍晚，一丛有趣的凤仙花，带我经历了童年、植物的智慧和初夏，让我感觉到大自然和我的喜乐同在，与我的职业同在。

拜倒在石榴裙下

五月，红艳艳的石榴花，大概最能引发诗人的雅兴。

石榴花像什么？诗人杜牧说："一朵佳人玉钗上，只疑烧却翠云鬟。"对此，元稹有不同看法，明明是"风翻一树火"嘛。说石榴花如火，苏轼颇颔首赞同："微雨过，小荷翻，榴花开欲然。"然，燃也。香山居士白居易听罢微微一笑，用火比喻石榴花，也太没想象力了，用美女比喻如何？随吟出："花中此物是西施，芙蓉芍药皆嫫母。"……美人杨玉环，大概听得不高兴了，站起身走到石榴树前，摘下一朵盛开的石榴花，唤来皇宫里的裁缝："就照这个款式，为我做一条裙子吧。"很快，裙子做成了。瞧，多美啊，喇叭花萼状的裙身、褶皱花瓣状的裙摆。当这花儿般的裙子，穿在杨贵妃身上时，一时间，人比花艳，引无数英雄竞折腰——拜倒在石榴裙下。

石榴花，对于诗人们的喋喋不休，大概并不关心；对因美人模仿秀提高了的知名度，也漠然不在意。它在意的，是花后的果实，是种属的传播大业和子子孙孙的前途。

对于如何传播自己的后代，石榴树绝对是费了很大心思的。果

实没成熟时，果壳是绿色的，悄悄隐居在重重绿叶中，不易被人和动物发现；即使发现了，大概也没有谁愿意吃它，因为这个时候的果实里充满了过多的酸和涩。一旦果粒熟透了，石榴树便收起酸涩，将果壳染出诱人的绯红。夺目的光彩，瞬间跃动在圆圆的浆果上，仿佛在说："我成熟啦。"此时的石榴，生怕招引不来众多食客，甚至倾力把自己肥硕的果壳裂开，露出里面宝石般的果粒，闪耀出令人垂涎的晶莹。

石榴们清楚，天上不会掉馅饼，想要获得肯定必须付出。它们绝不会枉费时间，徒劳地祈求，等待人、蜜蜂和小鸟的恩施。艳丽的花朵和甜美的果实，对石榴树来说，都无用处，这些只是交给传粉者和播种者的"劳务费"。自己一动不动的命运，只能仰仗与动物们的合作——蜜蜂在醒目路标（花朵的色彩）的指引下、在香甜蜜汁的犒劳下，帮石榴完成了传粉大业；小鸟和人类，则在咽下石榴酸甜爽口的果汁后，心甘情愿成为石榴的播种者——从人类嘴里或小鸟胃里丢弃的石榴种子，完成了石榴的心愿：把子子孙孙送到自己无法抵达的远方。

在子孙传播伟业上，石榴树的投资，也显示出了大手笔。剥开一枚石榴，会看到革质的果壳里，有六个由白色果膜分隔开来的子房，每个小房间里，六七十粒亮晶晶、红艳艳的石榴籽，蜂窝状排列得整整齐齐，即古人所谓的“百子同包，金房玉隔”。也就是说，一枚果子里，就有四百余粒种子。一棵大石榴树上，一年会产出几百上千枚石榴。可以想见，若把石榴树一生产出的石榴籽堆积起来，将是多么宏伟的一座“宝石山”！这不计成本的种子投资，远远超过了人的理解力。一个妇人，一生最多能生几个孩子呢？

石榴树，就这么锲而不舍地一代代结出不计其数的种子，并挥金如土。这让我面对它，唯有感动和崇敬——望着满树摇曳的石榴裙，我诚心诚意地“拜倒”在其脚下。

和人类对于“多子多福”的理解不同，石榴树当初长这么多种子的时候，大约也不知道哪一粒会发芽、会长成一棵石榴树吧。但每一粒石榴籽，都寄托着石榴妈妈的希望。

石榴树执着的努力，终于感动了天地。在石榴树的老家古波斯国（现在的伊朗等地），石榴有幸遇到了汉代出使西域的张骞。当跟随张骞回来的石榴籽在中国大地上发芽、长大并结出美艳的果实后，国人开始领略了“榴枝婀娜榴实繁，榴膜轻明榴子鲜”（李商隐）的石榴树内涵。

从此，我们的嘴巴开始与酸酸甜甜的石榴汁握手言欢。婀娜的石榴树枝上，开始悬挂起诗词歌赋。历代的美人，也纷纷开始为自己裁剪、皴染妖娆的石榴裙。整个世界，似乎都旋转在石榴裙下……

岩蔷薇——自私而无畏的“母爱”

岩蔷薇，顾名思义，是生长在岩石上的蔷薇。

初夏时节，深绿、油亮的叶片顶着五颜六色的花朵，铺在裸露的沙砾或岩石上，红的如霞，白的若云，黄的似锦……五枚圆形的花瓣，按顺时针方向依次叠压，然后在花心部位沉淀出深色的晕纹。微皱的花瓣轻薄如纱，不摇香已乱，无风花自飞。

很难想象，这柔美的岩蔷薇，拥有着如火般刚烈的性格——它会自燃，而且是故意的！

岩蔷薇名字里虽有“蔷薇”二字，花朵形状也和单瓣蔷薇很像，却和大家常见的蔷薇没有一点“血缘”关系，是半日花科的植物。

生长在摩洛哥、西班牙中部山区岩石上的岩蔷薇，生存环境无疑是恶劣的。在与炎热斗、与贫瘠斗、与狂风雷电斗、与同伴斗的峥嵘岁月里，岩蔷薇练就了自燃的本领——把自己和周围的植物一并烧成灰烬，为下一代赢得宝贵的生存空间。

从种子钻出地面开始，岩蔷薇的叶片里，会持续分泌一种类似香脂香气的挥发性精油。当岩蔷薇觉得自己的种子快要成熟时，她

会将枝叶里挥发性精油的储量增加到几近饱和。这个时候，一旦遇上干燥的晴天，外界气温超过三十二摄氏度时，在“导火索”骄阳的照耀下，岩蔷薇就会把自己燃烧成一把壮烈的火炬！

星星之火，可以燎原，更何况是高温下刻意燃烧的火炬！

在这场蓄意的纵火案中，牺牲的不仅仅是岩蔷薇妈妈，生长在她周围的植物，都无一幸免。因为，自私而无畏的岩蔷薇妈妈知道，岩石上的生存空间寸土寸金，谁能占领空间，谁才能获得生存。因此，在给自己的孩子穿上“防火服”（种子壳外的隔热层）后，岩蔷薇妈妈毅然决然地选择了自杀式燃烧。这需要多大的勇气哦！或许，她更懂得“退一步海阔天空”的道理。

这自私而无畏的妈妈，在用自己的生命为孩子换来生存空间后，还不忘化作草木灰，滋养孩子的未来。从这个意义上看，母爱真是太伟大了！正应了罗曼·罗兰的那句话：母爱是一种巨大的火焰。

在母爱的营养中，小小的岩蔷薇种子在来年会率先破壳、发芽、绽叶、开花。等轮到自己做了妈妈，在孩子“长大成人”快要离开自己时，这代岩蔷薇也会“重蹈覆辙”，像上一代母亲那样，在骄阳下让自己和周围的竞争者同归于尽，用身体的大火，为自己的孩子圈出充足的生长领地。如此代代相传……

在人们的眼里，植物世界是平静而温顺的，仿佛所有植物都会默然顺从、逆来顺受。但岩蔷薇的自燃，恰好说明，在这个世界上，植物与命运的抗争，其实是非常惨烈的。

在自然界，不只岩蔷薇敢于和命运抗争，南美洲大森林里的“看林人”杜鹃树、生长在西班牙的自焚树以及我国新疆天山地区的白鲜等等，都拥有自燃的无畏本领。

树木的自燃，对森林来说，也不全是坏事。自燃，不仅可以控制森林幼树生长的数量和速度，而且能淘汰一些病树、枯枝，为森林中各种树木的快速成材提供适合的空间。

美国黄石国家公园里的森林，在自然状态下，每隔5~20年就会自燃起火。但是该公园在得到人工保护后，80年间未发生过火灾。然而，这看似一团和气的情形，却导致了此地森林的生长过缓，新生林减少。1988年的那场大火，不仅没有毁灭黄石国家公园，反而让该公园的森林，从此充满了勃勃生机。

可见，草木的自燃，不是我们表面上看到的自我毁灭，而是一种更有意义的重生。

幸福是一个大萝卜

冬天来了，蔬菜的主角也该换换啦！

看，脆甜爽口的萝卜，第一个拍手欢呼。

记得易中天说过：幸福是一个大萝卜。在那个缺衣少食的年代，冬天有萝卜吃，当然是很幸福的事！当光阴呼啦啦翻过了那页，定格到眼前这个反季节蔬菜爆棚的日子，应季萝卜想当主角的心愿，借着“冬食萝卜小人参”这句话，似乎也很容易实现。因为它符合大部分人的养生观，也让一些人因它而怀旧。尽管，萝卜的口味并不怎么讨巧。

曾几何时，这个最最亲民的蔬菜，也拥有着“菲”“莱菔”这样温婉而馨香的名字。2000 多年前的西周，《诗经》中那个被遗弃的妻子手里拿着萝卜，哀怨地对喜新厌旧的丈夫说：“采葑采菲，无以下体！”——只采摘葑菲的叶子，你却忘了它们的根！女人婉言劝夫不要只重颜貌而不重品德，不要只看招摇的叶子而忽视了深埋在地下的根。《诗经》中的“葑”，指蔓菁，“菲”，就是萝卜。

大家都清楚，萝卜可不是娇生惯养的。它的生长不择环境，在雪原、在旱地、在水畔，有波浪形绿缨子的地方，总能看见它们在风中招摇地跳舞。萝卜优秀的根茎，一直低调地生活在黑暗的泥土中，没有人知道它们是如何默默地汲取日月大地的精华，让自己变得甘脆、水灵，富有内涵的；只有在拔出萝卜的瞬间，那嫩生生、浑圆光洁的“腰身”，才让人感叹生命的华美。

萝卜为自己的成长，是制定了日程表的：第一年努力存储养分，为开花结籽做积淀，待来年春暖花开，萝卜缨子一返青就抽薹开花。此时，萝卜里的营养，从地下齐刷刷聚集到地上的花果里，萝卜心自然就“糠”了。

人类洞悉了萝卜的日程秘密后，于第一个年末，也就是萝卜养分积累最充足的时候，将它拔出，当蔬果吃。

这虽然出乎萝卜的意料，但萝卜们并不因此灰心。你在一望无际的菜田里，看到兴致勃勃的大萝卜时，肯定相信我的看法——大多数植物在没有结籽前都会被吃掉，但植物们并不会因此消极怠工、病态生长。对植物而言，机会除了自己的这个“万一”，还在大家族里每个兄弟姐妹们的身上。为了家族的繁荣，个体明白就算即将被吃掉，也还会兴高采烈地生长并前赴后继。这让我面对植物，唯有感动。

与萝卜相处越久，人类发掘出的萝卜的优点就越多：萝卜维C含量高得惊人，是苹果和梨的10倍；含有的糖化酵素，能分解食物中的亚硝胺，可大大减少该物质的致癌作用；含有钙、磷、铁、锰、硼等无机物及粗纤维、木质素、葡萄糖、蔗糖、果糖等营养成分；可以消食、化痰定喘、清热顺气、消肿散瘀……难怪医学美食家李时珍曾这样定义莱菔：“可生可熟，可菹可酱，可豉可醋，可糖可辣可饭，乃蔬中之最有利益者。”

仅凭这段话，你我什么时候请萝卜当主角，都没错。李时珍，你真是萝卜的知己呢。

除了对李时珍心存感激外，萝卜肯定还想当面对一个人表达自己的感谢。这个人是武则天。因为女皇曾经在吃萝卜时，以为自己吃到的是燕窝，这是多高的荣誉啊。从此，萝卜在“牡丹燕菜”这道洛阳水席的头牌菜里偷着乐。大概此后，萝卜开始跻身于高级宴会，与海鲜和山珍们平分秋色，像苏州的干贝萝卜、福州的鲟肉烧珍珠萝卜、湖南的蛏干萝卜……

飘雪的周末，我喜欢请萝卜做主角：艺术地摆放好糖醋萝卜条后，用砂锅煲一锅热乎乎的萝卜炖羊肉，然后静静地看羊肉的燥热如何在萝卜的温柔里一点点融化。

在氤氲的香味中，弥漫着温暖的家的味道——幸福的味道。

虞美人

时光走过春天，渐渐绿肥红瘦时，一种红到极致、妩媚到极致的花朵，飘飘然来到世间。

细细高高的花茎，从深羽状的复叶丛中伸出来，向上蹿去，如一杆高挑的旗帜。

叶丛里陆续升起无数“旗帜”,“旗杆”顶端,是蛋圆形的花骨朵。花骨朵由小及大，沉甸甸、毛茸茸的。“旗杆”越来越力不从心，一律弯下脖颈，低头蓄积能量。“旗杆”上布满了柔软的毛刺，清晨的露珠挂在上面，珠光闪烁。

仿佛听到一声号令，“旗杆”慢慢直起脖颈，昂起了头颅。看，包裹头颅的两枚萼片绽开了，四枚血红的花瓣脱颖而出（虞美人也有重瓣花），如蝉蜕，如化蝶。如绢如绫的花瓣，开始飘飘欲仙，无风亦婀娜。于无声处，风情万种。这种妩媚的花，有个人类的名字，虞美人。

秦朝末年，楚汉相争，西楚霸王项羽兵败乌江，被汉军围于垓下。自知难以突出重围,便与虞姬夜饮。忽闻四面楚歌,慷慨悲歌后,项羽劝虞姬另寻生路。美人虞姬情深意切，执意追随，遂拔剑自刎，香消玉殒。虞姬血染之地，长出了一种鲜红的花，如虞姬般展颜巧笑、弄衣翩跹，大家便把这种花称作“虞美人”。

后人钦佩虞姬节烈可嘉，在创作词曲时，常以“虞美人”三字作为曲名，配乐歌唱逐渐形成固定的曲调，以诉衷肠。“虞美人”因此得以演化为词牌名：双调，五十六字，上下两阕各四句，皆为两仄韵转两平韵。按韵填词，名扬天下。

南唐后主李煜的《虞美人·春花秋月何时了》：“春花秋月何时了，往事知多少……”当属该词牌的千古绝唱，读来令人愁绪陡增，惆怅不已。宋时辛弃疾写过一首《虞美人·赋虞美人草》，将美人、词牌名和花朵三者融合在一起：“当年得意如芳草。日日春风好。拔山力尽忽悲歌。饮罢虞兮从此、奈君何。人间不识精诚苦。贪看青青舞。蓦然敛袂却亭亭。怕是曲中犹带、楚歌声。”词人赋予虞美人草以人的情感，抒发家国情怀。婉约含蓄，感人至深。

像这样，娇媚的花朵、绝世美人和词牌名，三者单从字面上看，风马牛不相及，然而却拥有一个共同的名字——虞美人。

在欧洲，虞美人也是第一次世界大战的纪念花，人们借此缅怀因战争失去的生命。

1915 年 5 月，加拿大一名军医诗人，在战地掩埋战友遗体时，发现周围开满了红色的虞美人，花瓣殷红如血，宛若战友的灵魂。诗人深为触动，写下名诗《在弗兰德的土地上》，虞美人因此成为纪念阵亡士兵的象征。从此，每年的一战停战日（11 月 11 日），英国、加拿大、澳大利亚等国人会在胸口佩戴虞美人，提醒人们记得战争的伤痛，也为战争带走的生命送上缅怀和祝福。

有人常把虞美人和罂粟花混淆。虽说虞美人和罂粟同科同属，

花朵的长相也颇相似——都有四枚艳丽的大花瓣，中心是一圈雄蕊，以及辐射状的柱头——但区别还是很大。虞美人全株被毛，植株纤细袅娜，果实小巧，叶片是深羽状复叶，花瓣轻薄如绢，常见花色以深红为主。罂粟植株光滑无毛，果实饱满，圆滚滚的，披着白粉，叶片有波缘状锯齿，花色丰富，整体植株壮硕。罂粟的果实，因为可以提炼毒品，国家明令禁止种植。而虞美人则不受限制，喜欢它，就多多种植吧。

虞美人的果实，就是花后那个截顶球形的“脑袋”，直径约 1 厘米，里面却盛放了 5000 到 8000 粒种子。种子细小如烟尘，千粒重仅 0.33 克，非常适宜风力传播。

虞美人播种的方式精巧且有趣。一旦蒴果成熟，截顶会打开“天窗”，让顶孔开裂。此时，稍有风吹草动，这个小脑袋就如同香炉一般，在轻微的摇晃中，把细小的种子轻轻撒向空里，让它们搭乘气流的班车，去远方开疆拓土。这种播种方式精明且有远见，若它像其他果实那样开裂，种子就会全部堆积在脚下，互相争夺阳光、空气、水分和营养，从而彼此挟制，无法正常发芽，或者，发芽了也长不大。

虞美人的生长期虽短，种子的寿命却很长。当土地受到翻动，细小的种子会迅速发芽。这也很好地解释了一战“纪念花”的来历。第一次世界大战期间，密集的炮火搅动了土壤表层，相当于把战区的土地犁了一遍，使得许多陈年虞美人种子得以崭露头角，生根发芽开花。

在我眼里，楚楚动人的花朵里，还包裹着忧愁、缅怀和生离死别，一如它的三个身份。

参差荇菜

2600 多年前，天地被晨光织进了一个梦幻般的黄色的茧里。

粼粼清波上，大片荇菜黄花灿然。不远处，雎鸠结伴欢爱，啾啾和鸣，荡起扇形交错的涟漪。有妙龄女子采摘荇菜，举手投足间，是说不尽的淡雅贤淑。女子身后，一翩翩男子驻足良久，他的眼直了，心痴了，不禁吟唱出“关关雎鸠，在河之洲。窈窕淑女，君子好逑。参差荇菜，左右流之……”层出叠见，缠绵悱恻。一部千古流传的《诗经》就这样在水鸟关关唱和以及荇菜参差的水湄开了头。

年轻时读《诗经·关雎》，思绪总缠绕在“窈窕淑女，君子好逑”这句，祈盼自己是画面里的那个女子。进入中年后再读，便留意了其中的配角植物。据说，《诗经》里写到了 157 种植物，有小草，有大树，有谷物，有蔬菜和花果。

作为《诗经》的开篇植物，荇菜，许多人或许没有见过，但一定读过、听过，并且和我一样，曾经在心里描摹过。记得一位研究《诗经》的学者说，“参差荇菜”表面上写茂盛的荇菜，实则是描绘心目中的淑女。不禁思忖，比兴窈窕淑女的荇菜，也一定生得妖娆多姿吧。

大学刚毕业的那年夏天，当我知道《诗经》里的荇菜，就是我们园子里水面上那一片小黄花时，心底似有一声叹息响起。我的失落显而易见。它太不起眼了，和不远处的荷花相比，荇菜的个头，像是来自于“小人国”；而和一旁红、粉、紫、黄的娇媚的睡莲比对着看，荇菜，又像是混进米兰时装周里的乡下丫头。

荇菜圆圆的叶子层层叠叠地堆在一起。本该平展展铺在水面上的叶子，为了争夺阳光，一个个伸长了脖子，你踩踏了我的衣裤，我遮挡了你的裙裾，挤挤挨挨。植物的平和之美，完全淹没在强烈的生存欲望里。

没有参差的美感，倒像是争着抢着要从浮水植物变成挺水植物。五瓣小黄花，密麻麻从叶子中间伸出头来。远看，像是水面上开出了一片蒲公英花。

我对荇菜看法的转变，来自它的近亲“一叶莲”。

一位搞水生植物栽培的朋友，送我一盘一叶莲。青花瓷盘的水面上，漂浮着一片圆圆的叶子，碧绿，光亮，近革质，形状酷似睡莲叶，很惬意地舒展着。透过心形叶的缺口，可以看到水里漂浮着两个花茎不等的花蕾。

两天后，一叶莲，便以国画家的身份开始了挥毫。颜料，只用了白黄两色。它先在清水和绿叶的背景上，一笔一画描出了五枚洁白的花瓣，又仔细给花瓣的基部，涂上一抹亮黄。接着，给花瓣边缘，勾画出一圈流苏，睫毛一样秀气。流苏和花心处的金黄，几乎同时完工。最后的点睛之笔，是描画出五枚金灿灿的雄蕊，也用了精巧细密的工笔技法。

小小的水面活了，一叶一花是诗意的注脚。微风轻过，一叶莲在青花瓷盘里晃悠悠摇曳出轻灵的禅味，一叶青莲如浮梦。耳畔，似飘来杜甫的《曲江对雨》："林花著雨胭脂湿，水荇牵风翠带长。"瞧这水荇牵风，营造的意境多美。

不久，一叶莲花朵上棒棒糖一样的雄蕊，就把花粉撒在了前来找寻花蜜的蜜蜂身上。

查资料得知，一叶莲和荇菜同科同属，说白了，它们是近亲的姊妹，连名字都可以混在一起喊：金银莲花、白花莕菜、印度荇菜。这样看来，市面上荇菜属的植物，都可以叫作一叶莲。

不久，瓷盘里的一叶莲，在剪断叶柄的伤口处，长出了长长的须根，在水里漂荡。若水底有泥，定会扎根定居。水里的花蕾，也不时昂起头。"国画家"继续画工笔，后来也画叶子。因为，第一片老叶凋零后，新叶又长了出来，如此绵延不绝，足见这一叶莲是无性繁殖高手。

前段时间，我路过植物园水生植物区，见这里的荇菜也在开花，便停下脚步，弯腰低头细看。突然间发现，除过花朵的颜色有别外，荇菜的叶形、花朵的大小与模样，和一叶莲简直就是双胞胎姐妹。

若是剪下一片带了花蕾的荇菜叶子，放进清水瓷盘里供养，一样是美丽出尘的"仙女"，和一叶莲比起来，只不过穿了黄色的衣衫。

想起来，荇菜一直都漂浮在唯美的诗里："软泥上的青荇，油油的在水底招摇；在康河的柔波里，我甘心做一条水草。"阔别康桥20年后的徐志摩，看到绿油油的荇菜，就像看到了自己在康桥的幸福生活。

"荇菜所居，清水缭绕；污秽之地，青荇无痕。"短短16字，让人有美的联想外，还勾勒出荇菜高洁的品质。

不禁自责起来，为何我当初厚此薄彼，觉得一叶莲清雅美丽，而荇菜竟像个乡下丫头?

细细想来，我的偏见与它们生长的方式，有很大关联。

一叶莲，一叶一花，占据了一个独立的水面空间。因为空间狭小，我的目光，便直接聚焦到它秀丽的花叶上。而荇菜，在植物园水面上群居生长，直径两三厘米的花朵，在宽阔的水面上，根本没有优势。即使花朵的色彩是亮眼的黄，也因了小而多，便成了如蒲公英般的芸芸众生。

拥挤的群像，很容易便淹没了个体的姿彩。

当然，偏见的根源还是在我。我当时距离荇菜较远，根本看不清花叶的细部，却还要拿它与荷花比高低，和一旁的睡莲比容貌。很多事情，眼里看到的，也未必就是真相；没有比较，就没有伤害啊。这样想来，真是对不住荇菜。

一阵风过，金黄的荇菜摇头晃脑，似在对我微笑，身边荡开细小的水纹。想来那自责与抱歉定是被它们听了去，于是鼓足劲儿要美给我看。

想起罗曼·维希尼克说：“在大自然里，每一个细小的生命都是可贵的。而且，放大倍数越大，引出的细节也越多，完美无瑕地构成了一个宇宙。”

我停下匆忙的脚步，发现大自然里，所有的花儿都美，并且，越细小，越美丽。

我眼前的荇菜，就是这么说的。

荻花秋瑟

读白居易的诗句“浔阳江头夜送客，枫叶荻花秋瑟瑟”时，我尚不清楚名字叫作“荻”的禾本科植物，就是家乡小河边那一丛丛长相如小号芦苇的野草。

诗中,作为陪衬和背景的枫叶荻花,暗示送行的时令为秋。如今，越来越多的荻花，出现在公园和住宅小区里。银白的荻花无声无息，潇潇洒洒地盛放，在风中如猎猎的旗帜，顺溜又雅致，是大自然里美丽的秋词。

荻是禾本科荻属植物，地下茎蔓延，长得恣意。植株高挑，荻花张扬，尽显野性美。叶鞘无毛，叶子狭长，圆锥花序舒展成一把

把倒立的小伞，在风中翻卷出美丽的波浪。主轴无毛，延伸至花序的中部以下，节与分枝腋间生长有柔毛，闪烁着微芒。

秋风萧萧，荻花飘飘。荻花初开时颜色暗紫，快凋谢的时候转为白色，片片洁白，把秋意写满大地。这个时候，单看花絮，几乎分不出是荻还是芦苇。因为长相相似，芦苇和荻花，被人合称芦荻。“蒹葭苍苍，白露为霜。”“蒹葭”指的就是尚未长穗的荻和初生的芦苇。二者的区别是荻比芦苇耐旱，荻的叶子有锋利的锯齿缘。

其实，还有一种名叫芒的植物，也和荻、芦苇相似。芒与荻都是禾本科芒属中的两个近缘种，原来同属，现在则分在两个属中，芒属于芒属，荻属于荻属。二者的外貌很像，就像一对孪生姊妹。

三者最主要的区别是：芒的花小穗有芒，而荻花和苇花小穗无芒；芒的茎秆是实心，荻秆上部是实心，中下部是空心，而苇秆则是空心；芒秆无腋芽，不会分枝，而苇和荻的茎秆有腋芽，会萌芽分枝。

以前农村人蒸馒头用的蒸屉的箅子，就是用荻做的，晒柿饼、晾粉皮的大苇箔最好的材料也是荻。芦苇强度差，一般用来剖开后压平编织苇席、斗笠等等。

世间百态，草间万姿。质朴、聪慧的观赏草，不仅呈现出生生不息、春华秋实的季相美，也是人与自然交通的精神连接。

第二辑　植物的智慧

柳树——刚柔相济

春天的气息，是从“吹面不寒杨柳风”中透出来的。

“五九六九，沿河看柳”。其实，这个时候，冬天还没有真正走远。环顾四周，大多数植物依然“洗尽了铅华”，举着光秃秃的枝丫，在沉睡中躲避寒冷。而此刻，柳树柔软的枝条上，已经冒出了二月春风裁剪出来的新叶。

五九、六九，西安地区的温度大多徘徊在 10 摄氏度。10 摄氏度，已经远远超出了一般阔叶植物对于寒冷的理解力。能够有勇气在这么低的温度里萌发的植物，一定具备强大的内力和坚毅的品格，值得用尊敬的目光去欣赏的。

寒风依然料峭，行走在柳丝的青纱里，感觉眼里有一朵朵朝霞突然停住，新叶葳蕤的光，逐渐点亮了我的眼睛。心，便也热热地跳起来，和新叶一样，怀了莫名的悸动。

在初春，随手折一段柳条，插进泥土，不久，它就扎了根。不久，就有嫩嫩的叶子冒出来。不久，纤细的柳条子，就会随一阵清风跳舞……俗语“有意栽花花不开，无心插柳柳成荫。”说的该是柳树具

备强大的生命力。就柳枝扦插而言，无论是将插条正着插入泥土还是倒插进去，一段插条，都会孕育成一株柳树，从而形成一片绿荫。柳树生命的强韧，完全可以突破一切生长环境的困境呢。

能这样见土即生、随遇而安的生命，自然不会让人把自己和“娇贵”二字联系起来。

故而在一些大人物的眼里，柳树是很受欢迎的。曹丕称柳树为“中国之伟木”，在宫廷院内郑重栽下一排排柳树。陶渊明亲手栽植了五棵柳树，时常徘徊在柳荫里衔觞赋诗，人称五柳先生。左宗棠任陕甘总督时，在东起潼关、西到新疆沿途广植柳树。从那时起，“新栽杨柳三千里，引得春风度玉门”。百年之后，河西走廊上的左公柳，依然年年秀苍劲、笑春风……

柳树的阳刚，还表现在冬之将至时。

西安的春秋短、冬夏长，是尽人皆知的。可柳树不管这些，如果单看柳树，你不会觉得春没到，秋没走。当一阵紧似一阵的凛冽秋风漫过西安的天空，“草拂之而色变，木遭之而叶脱”。周遭看上去比柳树威武健壮得多的树木，纷纷褪下葱茏的绿叶，一派颓废的模样，哪里还有胆量与风霜较高下？倒是我们眼中婀娜羸弱的柳树，临危不惧，千丝万缕的柳条，依旧身披翠纱，在风霜寒气中劲舞。

柳树是幸运的，天性坚韧的它曾得到过帝王的首肯。相传公元605年，隋炀帝杨广下令开凿通济渠时，就提倡在大堤两岸广种柳树，一来添绿遮阴，二来坚固河堤。并御笔亲书，把自己的“杨”姓赐给柳树，让柳树享受与帝王同姓的殊荣。从此，柳树有了“杨柳”的称号……

如果要用“婀娜”形容一棵树，只能是柳树了。

“昔我往矣，杨柳依依。”从《诗经》里走出的柳树，如一位曼妙的少女，带给人无尽的遐思。“袅袅古堤边，青青一树烟。”诗人雍裕之眼里如烟的柳树，是风中的仙女。“一树春风千万枝，嫩如金色软于丝。”看哦，新柳既嫩又柔的神态，在白居易的诗行里呼之欲出。“碧玉妆成一树高，万条垂下绿丝绦。”至此，柳树的柔美，似乎就定格在贺知章的这千古名句里……

当然，凡夫俗子要体验柳树的美，最好是站在环城西苑的护城河边。夕阳下，两岸袅袅的细柳，在微风里长袖轻舞，如镜的水面上柳影摇曳。当柳条无意中拂过面颊时，你会忍不住想作诗，或者，想轻声地朗诵一首诗。站在稍远处，透过如烟的垂柳，瞭望古城墙和护城河，或许还会有点儿恍惚，自己是如何走进这幅悠然的水墨画的？

柳树的空灵流丽，会让一颗奔忙的心，跟着柔软下来。

柳树，也常常让我想起中国古代的铜钱，外圆内方——柔情似水的外表下，深藏着一颗坚强的心。

柳树，早就懂得道家文化吧，否则，它怎么会将刚柔并济运用得这么好？

南瓜——压力与潜能

除过当吃食，南瓜，还可以做什么？

——可以是万圣节的魔脸南瓜灯，是安徒生笔下“灰姑娘”的马车，是南美洲人用来盛牛奶、装粮食的器皿，是澳大利亚人特殊的帽子，还是印度猎人捕捉猴子的帮手……

这些人类开发出来的功用，连南瓜自己都没有想到吧。

南瓜意想不到的事情多了。南瓜因外力被激发出来的潜能，不仅超出了南瓜的想象力，也大大地出乎人的预料——一个小小的南瓜，竟然能够承受五千磅（约2268公斤）的压力！

这是一项对南瓜有点残忍、却让人心灵震颤的试验。

美国阿默斯特学院的试验人员用很多大小不一的铁圈，将一个小南瓜从头到脚箍了个严严实实。他们想知道当南瓜渐渐长大时，来自身体里的生长能量对铁圈会产生多大的压力。最初，人们估计南瓜最大能承受五百磅的压力。

试验的第一个月，南瓜就已经承受了五百磅的压力。试验到第二个月时，坚强的南瓜已经承受了一千五百磅的压力！当铁圈承受到两千磅的压力时，研究人员不得不对铁圈加固，免得南瓜将铁圈撑坏。当南瓜承受了超过五千磅的压力后，这个让人肃然起敬的南瓜，它的瓜皮才出现了皲裂。

研究人员打开南瓜后，惊得目瞪口呆！显然，南瓜已经无法食用了，因为南瓜内部充满了坚韧而牢固的层层纤维，与平时细腻而空心的长相判若“两人”！这是南瓜试图突破铁圈所做的丝丝努力，是人可以用肉眼看得到的力量！

不仅如此，为了吸收到充足的养分早日突围，南瓜派遣根茎向四面八方延伸了八万英尺（约 24384 米）——所有的根朝着不同的方向探寻、伸展，艰难地寻找并不稳定的水源和肥料。最后，这一棵南瓜苗，它的根脚几乎触摸遍和控制了整个花园的土壤与水肥资源！

瞧，南瓜拥有为适应外部环境而改变自己的能力，这也是南瓜的足迹可以轻松遍及世界的原因。

当初，南瓜肯定没有想到，当压力降临到头上时，自己能够变得如此坚忍顽强。或者,南瓜也赞同英国名人“贝弗里奇”的说法——人最出色的工作，往往是在处于逆境的情况下做出来的，思想上的压力，甚至肉体上的痛苦，都可能成为精神上的兴奋剂……

在铁圈的压力下，精神极度兴奋的南瓜，变被动为主动，用智慧和努力，交出了一份让人赞叹的答卷。这份答卷，提供了迄今我所知道的植物中最最励志的正能量。在很大程度上，它也是我热爱生活、抵御压力的榜样。

生活中，压力无处不在。把自己想象成那个铁圈里的南瓜吧，在越来越大的压力下，唯一要做的，就是相信自己，相信自己拥有超越想象的巨大潜能！一些伟大的成就，就是在巨大的压力下诞生和成长的。

只要像南瓜那样，一心一意只想着将箍住你的铁圈挣脱，就没有什么困难可以难得倒你！

苹果——真实与谎言

八岁那年，爸爸给我家院子里移栽了一棵小苹果树，小树上已结的果子，有个好听的名字——“五月红”。五月红的品质，明显地优于我家院子里已有的两棵大树上的苹果。

农历五月，当大树上的苹果还像核桃般大小和青涩时，比我拳头大多了的五月红，已然绿中泛红，在五月的和风里，散发出让我垂涎的清香。五月红的口感特别棒，酸酸甜甜、脆脆的、香香的，咬一口汁水四溅。

第二年开春，移栽的五月红开花了。当粉红色的花朵把小苹果树打扮得花枝招展时，我最喜欢做的一件事，就是站在和我一般高的苹果树前，认认真真地清点小树上的苹果花：“1 朵、2 朵、3 朵……总共 48 朵。”嗯，我仿佛看到 48 个又香又甜的“五月红”，正冲着我点头微笑呢，我甚至计划着苹果熟了和谁谁谁怎么共享了。

那个春天里，背衬绿叶和蓝天的 48 朵苹果花，连同清香、喜悦和期盼，一起烙印在我九岁的天空里。

当花朵逐渐凋谢，樱桃大小的苹果娃娃开始崭露头角。从这个

时候开始，我重拾起数花朵的劲头，认认真真地数起了苹果娃娃。但无论我怎样用心数，青苹果的个数都达不到 48 个；不仅达不到，还差很多呢，只有 29 个。没错，一连几天，都是这个数字。

“不是开多少花就结多少果吗？”当我把疑问告诉爸爸时，爸爸语出惊人：“苹果树是会开谎花的，当然开花多、结果少了。”

谎花，这个词可真形象。没有结苹果的花朵，可不就像是树说的一句句谎言，让我空欢喜了一场。可是，苹果树果真会撒谎吗？它为什么要撒谎呢？

爸爸也说不出个所以然。

是后来接触到的植物学，告诉了我想知道的答案。我也明明白白地懂得了：谎花是谎言，只是站在人的角度说苹果树；站在苹果树的角度来说，谎花是果树表达内心的真实语言。

苹果树生出“谎花”的原因很多，其中，最主要的一条是：苹果树坚守“自花不结实”——自己身上的雄花不会给雌花授粉，用以确保遗传的可变性。所以栽植苹果树时必须考虑到要配置授粉树。我家的那棵“五月红”，之所以一开始就能够结果，是因为身旁有两棵大的苹果树。

除此以外，花期缺水、营养不良和冻害等等人为和自然的因素，都会让苹果树生出退化花、畸形花。退化的、畸形的花朵不自行夭折，岂不“苹果国内”大乱？这些没有坐果的花，即是人们眼中的“谎花”。

所以，谎花，既不是花的错，也不是树的错。“满树花、半树果”的光景，其实反映了树当年所受到的待遇，是果树用花和果实表达自己满意与否的真实语言。这样看来，果树上的一朵朵谎花，当然不能说是树在撒谎了。

不只是苹果树，杏树、枣树、李子树等等都会生出谎花。

可是，站在农人的角度，说果树只开花、不结果是树在说谎，似乎也没错。

倘若，农人能够多多了解植物的语言，从果树的“谎花”里听懂它们的真实“想法”，依照果树之意，厚待果树，对果树知冷知热，果树心满意足后，它的“谎花”肯定会少一些，而实实在在的果实，自然，会多一些的。

亚里士多德说，我所知道的，就是我一无所知。苹果树听到后会不会也学着说：你们眼里我所谓的谎言，正是我想表达的真实。

呵呵，“真实”与“谎言”，在一棵苹果树上，是能够如此神奇地合二为一呢。

有"榕"乃大

最初见到榕树，是在成语"独木成林"里。生长在北方的我，想象不来一棵树，何以成为铺天席地的森林。但从此，榕树就一直生长在我的脑海里，模糊却如山一般绿。

后来到云南旅游，我专门跑到德宏傣族景颇族自治州盈江县铜壁关自然保护区，跑到那棵有"华夏榕树王"之称的古榕树跟前，一睹其风采。

无数气生支柱根由主干自上而下，插入土里，又慢慢长成擎天大树的枝干，直冲云霄，分不清哪根是主干，哪根是气生根。但根根神采奕奕、器宇轩昂，散发出"森林之王"的恢宏气势。人站在树下，犹如榕树脚下的一株小草。资料上说，这棵树的树龄 400 年以上，最高树冠距地面 36 米，已入土的气生支柱根 108 根，树冠覆盖面积 3688 平方米。居住在这棵古榕树上的植物有十多种：鹿角蕨、兰花、鸟巢蕨、苔藓、地衣、不知名的藤本植物，栖息在树上的昆虫、爬行类、鸟类动物更是不可胜数，是真正的"独树成林"……

2006 年春天，在香港最繁华的地段湾仔，我又一次拜访了老榕

树——“香港百年沧桑”的活见证。

多年前，湾仔搞基建时，香港市民不忍看见这棵与他们相伴多年的老榕树被砍伐，即使挪个窝也于心不忍，便自发组织起来与开发商谈判——可以在这里大兴土木，但这棵榕树一不能砍，二不能移，最好原地养护起来。

最终，开发商的做法也值得很多人借鉴：将老榕树下面数万立方的山石全部掏空后，在原地造了一个直径30米、深20米的超级大花盆，用以固定这棵老榕树，用腾出来的地方建造豪华商厦。

于是，森林般屹立在现代化高楼顶部“超级大花盆里”里的榕树，用它3米多粗的主干、千条万缕的气生根和 80 平方米的树冠，捕捉身边的阳光和微风，为“脚下”的水泥森林城市，毫不气馁地递送片片阴凉、清新的空气和鸟鸣……仿佛它原来就盘踞在这座商厦上面，是这座商厦乃至整个香港的“守护神”。

和森林般的感觉截然不同，香港嘉道理植物园的岩石壁上，榕树，则向我展示了它的另一种生命形态：榕树的气根游走在几乎完全没有土壤的岩石间隙，遇到一丁点薄土，即安营扎寨，然后又向前伸延、迈进，直至与石壁完全合二为一。那样的自然、完美，就像是专门用榕树的根与叶，给大大小小的岩石勾画了边框，形成一幅幅树石和谐的美丽画卷。

香港，随处还可以见到寄生的榕树，香樟、棕榈等都可以被它选为寄主。一点点腐烂树叶形成的腐殖质，就能够成为榕树种子的温床，向上萌叶、伸展，发育成小苗，向下根系会顺着寄主主干延伸、缠绕，慢慢将寄主包裹，乃至绞杀致死。

无论是“独木成林”的参天大树，还是匍匐在岩石表面，与苔藓争夺地盘的藤本，或者是寄生缠绕在其他植物体上，榕树，将各种生命形态，都演绎得淋漓尽致，完美而精彩。

是什么品质，让榕树在这几种形态间游刃有余？

榕，容也。有容乃大，能屈能伸——占据着乔木层、灌木层、藤本层等诸多生存空间的榕树，在数以万计物种共存的热带地区，脱颖而出的榕树，大约是同意我对它的总结吧。

人生在世，不可能一帆风顺。只有像榕树这样生活，人生的道路，才会顺畅通达——在顺境中，会“伸”，乘风破浪，扶摇直上；在逆境中，会“屈”，尺蠖之屈，以求伸也。

坦然面对现实，尽可能做到：能伸，也能屈。

香蒲啊，香蒲

满大街叫卖的粽子和绿豆糕提醒我，端午节快到了。

插艾草、挂香蒲的端午节习俗，似乎一日日远离城市。但艾蒿和香蒲犹在，这些天，家门口的菜市场边上，依稀还可以见到装有艾蒿和香蒲的小推车。和往年一样，端午节这天，我会买一把蒲艾，悬挂在家门口。在蒲艾绵长的香味里，年少时的端午节以及关于这两种植物的种种记忆，会渐渐明晰起来。

故乡的小河边，常年生长着大片香蒲。寒冬刚刚转过身去，蒲芽便钻了出来。

临水而居的香蒲，叶子又细又长，像是出鞘的一柄柄绿剑，指向蓝天，却没有剑的凛然寒气。端午前后，河边的香蒲已经很有一番气势了。这个时候，我最喜欢做的一件事，就是拔下一支箭叶，用手指一点点揉碎。香蒲沁脾的馨香即刻会从指间腾起，然后满身满脑都是它美妙的香味，比现今的迪奥香水，好闻多了。

父亲在端午前割回家的香蒲叶子，大多以这种形式化为香气，伴我度过一个个溢香的端午节，永远存留在我的记忆里。父亲那时把香蒲叫作“水剑草”，我给它取名“香水草”。

到后来，我才知道，香蒲，是我国传统文化中驱虫辟邪的灵草，与兰花、水仙、菊花，并称为“花草四雅”。

和香蒲的香味不同，艾蒿会散发出一种微辣的辛香，苍蝇和蚊子最见不得的，就是这种味道。父亲会把端午节用不完的艾蒿用手搓成草绳，备用起来。从端午节开始，夜晚静静燃烧的艾蒿绳，是那些年夏日里家家常用的花草蚊香。

当年，家里被父亲当“蚊香”用的，还有香蒲的肉穗状果序。这果序，我们叫它毛蜡烛，因为它的确可以像蜡烛那样照明。七八月份，香蒲花过后，就有毛嘟嘟、红褐色的棒状果序在绿叶中摇头晃脑。香肠般的毛蜡烛，似乎更适合孩子们把玩。折来晾干，蘸点儿烧融的蜡烛油，点燃了就是一个精致的小火把，火苗在夏夜长空里舞出的各种弧线，至今依然烙印在我的脑海里，不输烟花。

母亲在端午节前夕，则忙着做女红——为我们姐妹赶制红裹肚、用漂亮的绸缎缝香包、用五彩的丝线做花花绳。妈妈那时年轻手巧，穿戴在我们姐妹身上的端午节装饰，总能够赢得街坊四邻的交口称赞，并成为大家纷纷效仿的榜样……

年岁渐长，端午节的女红，一日日离我们远去了，唯有蒲艾，还年年生长在我家的门楣上，生长在我的心里。

大学毕业后上班的第一天，独自一人在单位的园子里转悠，一方小池塘边，一丛丛水草，用它滴翠的绿叶，一个劲地向我点头。走近，哦，是香水草！我又见到你了。

看着熟悉的身影，闻着熟悉的香味，听着它吸水拔节的声音，我仿佛又回到了故乡。一颗动荡的心，瞬间安宁下来。那天，我像遇见老朋友般，在池塘边坐了很久……

记得中学读到《孔雀东南飞》中的“蒲苇韧如丝，磐石无转移”时，脑子里呈现的，就是小河边那一丛丛茂盛的香蒲。那些厚实而狭长的叶儿,柔韧无骨,是乡亲们手里的宝。乡亲们常用它来编凉席、编蒲团。

香蒲的生命力的确顽强。在无人搭理的小河边,它都能葳蕤成片,何况是被邀请驻扎在单位的池塘边上。

在一年比一年丰茂的香蒲的装扮下，单位里那方我当年驻足的小池塘，已经成为园子里的一景。傍晚散步、欢喜烦恼时，我都会到飘满蒲香的池塘边坐一坐。

坚忍顽强的香蒲，陪伴我走过了一年又一年既悲又喜的人生旅途。无声无息间，我与香蒲，已有默契。

在这个端午节前夕,我写下这些文字,向我心中的香水草,致意!

白杨——竞争造就辉煌

北方人对白杨树不陌生。

村舍小路旁、阡陌田野间，一排排的白杨树，背衬蓝天，站成旷远的风景。巴掌大的树叶，毫不气馁地在枝头哗啦啦地哼唱，不时亮出叶背的银白。

在古代诗人的眼里，白杨树是“白杨多悲风，潇潇愁煞人”的悲苦形象；在俄罗斯，传说犹大是在白杨树上吊死的，白杨树枝从此战战兢兢地一直发抖，树叶也跟着刷刷刷地哭，因而被贬为不祥之树、苦木。只有在《诗经》里，白杨是和桑树平分天下的：“南山有桑，北山有杨。”……白杨树，对于自己在人心目中是何种形象，大概毫不在意，该长叶时长叶，该长高时长高。它只在意自己头顶的阳光和脚下的土壤……

记得在我读小学那阵，课本上刚刚读到了《白杨礼赞》，爸爸就在我家院子前后种了九棵胳膊粗细的白杨树——院子前面种了一棵，院子后面的八棵站成一排。爸爸希望，这些树木中的“伟丈夫”，用它们的伟岸、挺拔和坚强，为我家圈出一方安逸。

从此，白杨树伴我一起长大，成为我童年记忆中存储最多的风景。

不知从何时起，院子前后这群身材相当、同时在我家院落安家的白杨树，在同样的阳光雨露中，在穿行而过的同样的风里，长着长着却出现了差异。

独自生长在院子前面的那棵树，主干不怎么挺直，枝杈旁逸斜出，树叶茂密地笼满树冠，但个头显然矮了好多。

成排栽植的八棵白杨树，每棵都长得又高又直——笔直的树干，树冠相对较小，叶子阔大、沙沙有声，所有从主干上发出的枝丫，紧紧地收拢着。如果说那棵孤树像一把雨伞的话，这一排树，就像八根倒竖着的箭，也像一队整齐昂扬的士兵，如爸爸所愿，为我家遮风挡雨、站岗放哨。

只三四年的时间，群居生长的白杨树，比院子前面的那棵独树，个头高出了足足两米！

按说，独居的白杨树，接受的空气、阳光和营养，要比站成一排的白杨树多得多，应该高高大大才是。可结果恰好相反。是它太寂寞了吗？没有学过植物的爸爸告诉不了我答案。

我懂得自然界一些生存故事后，渐渐明白了。

秘鲁国家动物园里，原先圈养着一只特别珍稀的美洲虎，工作人员为它圈出 6 万平方米的绿地，放养了一大批食草动物。起初，食草动物们一看到虎便东躲西藏，但渐渐地，牛、羊、鹿、兔们不再惧怕它了。因为美洲虎整天躺在装有空调的虎房里，不是睡，就是吃饲养员送来的调配好的营养餐，连正眼都不瞧它们一下。但美洲虎吃饱喝足了，却是一副无精打采的模样，一点看不到野生状态下矫健的身手。

大家很着急，以为它太孤独了。动物园费了九牛二虎之力，为美洲虎找来一位异性伴侣。但情况并未改善。一天，一位来自乡野

的农夫参观动物园，见情此景，向动物园进言：这么大的区域让它独自为王，衣来伸手、饭来张口，它怎么会有活力？

动物园的管理者想想也对，于是在美洲虎的地盘上投放进三只豹子、两头狼。情况真的改变了！自从来了竞争者，美洲虎一下子精神起来。它开始警觉地东走西看、明察暗访，不肯回虎房睡大觉了，连饲养员送来的肉块，也变得不屑一顾。不久，美洲虎就让它的新伴侣，怀上身孕并产下健康的虎崽……

我家院子前的那棵白杨树，像当初“吃饱喝足”了的美洲虎吧？而后面那一排排树——一群没有腿无法走动的树，因为生长在一起，自然要分享阳光、空间和水分。密集的种植方式，让白杨树的潜意识里有了某种危机。危机感又调动了它们体内蓬勃的野性，如同后来有了紧迫感的美洲虎，自然，个个铆足了精神，竭尽全力追赶头顶的一米阳光。

也是后来学生物学时，我才明白白杨树的这种生长现象，正应了植物“顶端优势”的理论：顶芽优先生长，抑制了侧芽的发育——只因为顶部没有阻挡，能争取到更多的阳光，所以植物的养分就竭力往上跑，让树梢拼命长，结果长得又高又直。

动植物如此，人类何尝不是？优势，大多时候不是与生俱来的，而是后天被激发、被逼出来的。

竞争造就辉煌，贪图安逸，只会让人懒散、变软弱——还是孟轲说得对：“生于忧患，死于安乐。”

冬虫夏草

冬天是虫，夏天是草？

第一次遇到这个名字或看到实物的人，大都是这么认为的。我也不例外。当初我对它的理解还定格在多年前看到的《聊斋志异外集》里，作者蒲松龄对冬虫夏草如此描画："冬虫夏草名符实，变化生成一气通，一物竟能兼动植，世间物理信难穷。"

现在看来，是蒲老先生错了，在这件事上，他显然犯了主观臆断的错误。因为冬虫夏草既不是虫，也不是草，更没有身兼动物和植物，而是一种仅仅披着虫皮的真菌。从某种意义上讲，活像是披着羊皮的大尾巴狼。

我弄清楚了冬虫夏草的生长习性后，不禁为其中只剩下一条皮囊的小虫子鸣不平——这个世界太不公平了，弱肉强食、鸠占鹊巢，一方的得道非得要踩在另一方的累累白骨上吗？

可事实的确如此，想想，都觉得寒心。

在海拔 3500 米以上的雪域高原上，盛夏时分，冰雪消融，满身花斑的雌雄蝙蝠蛾在草丛间翩翩然双宿双飞，然后在叶子间产下它们的爱情结晶——卵。入秋后，卵开始孵化成幼虫，以植物叶子为食。冬天来临时，蝙蝠蛾幼虫会随雨水进入潮湿而温暖的地下，以度过高原寒冷异常的隆冬。好在漫山遍野都生长着莎草科、菊科、豆科、蓼科和蒿草类植物，它们的茎和嫩根多汁又有营养，是幼虫们越冬时充足的“粮食储备”。

不是每条幼虫都能享用这些冬天里的美味。大多数蝙蝠蛾幼虫还没有来得及进到土里，便被蚂蚁、草蝠蛾、山蝴蝶、鸟类等天敌捕食，剩下的，还要能幸运地躲过牛群、羊群的蹄甲，躲过食草动物们的嘴巴——吃草时连同幼虫一同吞下。

和这些瞬间的劫难比起来，被冬虫夏草菌入侵，则是一个漫长而无比痛苦的过程。

蝙蝠蛾的幼虫，天生就该如此苦命吗？

如果蝙蝠蛾的幼虫在整个冬季，没有遇到冬虫夏草菌，那么温暖的地下“粮仓”真可谓虫子们的“伊甸园”，它们会把自己养得洁白丰腴。然而，对大多数蝙蝠蛾幼虫来说，短暂的欢乐生活会终结于和一种真菌的偶遇，“伊甸园”随即成为它们的坟墓！

在几乎同一海拔的地方，还生存着一种真菌叫冬虫夏草菌。入冬后，冬虫夏草菌成熟的子囊孢子，从子实体弹出后，也随雨水渗入土里，一旦发现蝙蝠蛾的幼虫，便迫不及待地粘附在虫子们柔软的体表，快速膨大并伸出芽管，钻进虫子狭窄的体腔，以幼虫的内脏为养料，滋生出无数圆柱形的菌丝，并随虫子的体液在体内循环。

可怜的虫子，根本无法摆脱虫草菌的蛮横入侵，眼睁睁任凭虫草菌以出芽的方式，在自己体内反复增殖却无能为力。这种致命的侵染要维持 2 ～ 3 周！随着蝙蝠蛾幼虫生命体征的一天天消失，它的五脏六腑逐渐被坚硬的虫草菌丝体塞满。刚刚进入“伊甸园”时

柔软蠕动的蝙蝠蛾幼虫，从此成为坚硬的僵虫形菌核。

冬虫夏草菌断了食物来源后，安然进入休眠期。来年春末夏初，虫子的头部会长出一根圆棒状的子实体。这根从土里蹿出的紫红色家伙，高约二至五厘米，顶端有菠萝状的囊壳，怎么看都像是一株“草”，即所谓的“夏草”。

当然，这“草”，是从冬虫夏草菌丝上结出的“果实”，真菌学家称之为“子囊果”。一棵“果实”上长着数以亿万计的种子——“子囊孢子”，这些孢子离开母体后，如果没有找到蝙蝠蛾幼虫的话，只能存活 40 天左右。大部分虫草菌孢子离开母体后在风中飘散，自然结束自己的生命，只有很少一部分随雨水渗入土壤，找到蝙蝠蛾的幼虫，从此过上可耻的寄生生活。如此年复一年。

秋季，刚刚从卵里孵化出的蝙蝠蛾幼虫，如果不幸吃到附有虫草真菌的叶子，也会变成虫草。

至于为什么冬虫夏草菌不去感染菜青虫或其他虫体，偏偏就认定蝙蝠蛾幼虫？这其中的玄机，至今尚没有人能真正搞清楚，有静电力学说、主体化学反应学说、黏液学说等等。

也不是任何地方都能生长冬虫夏草。

适宜冬虫夏草生长的高寒草甸，土壤多呈黑褐色，含水量常年在 30% 到 50% 之间，普遍有 10 到 30 厘米的腐殖质层，适合各种菌类的繁殖。在我国，冬虫夏草只出产于以青藏高原为中心、海拔 3500 ～ 6000 米的高寒湿润的高山灌丛和高山草甸上，集中分布在海拔 4200 ～ 5000 米的垂直高度内……

扬手是春，落手是秋，在这一扬一落之间，有多少蝙蝠蛾幼虫在极度的痛苦中，成为虫草菌一袭华丽丽的皮？又有多少人为了找到冬虫夏草，不惜将雪线附近的草甸和山坡掘地三尺，留下千疮百孔的坑洞？

虎杖的虎性

多年前，我在植物园药用植物区为学生讲解蓼科植物虎杖时，那时候还不知道，这个其貌不扬的乡土植物大个子草，已经让英国人谈“虎”色变。

虎杖的故乡在东亚，秦岭也是它的原产地之一。

19 世纪中期，当第一株虎杖从日本漂洋过海落户英国时，这里四季温和的海洋性气候，即刻唤醒了它体内狂野的“虎性”——没有了故乡冬季低温的遏制和天敌害虫的侵袭，每时每刻都可以伸胳膊伸腿，并且想怎么伸，就怎么伸。

钻出地面后，一个月可以蹿高 1 米，最终可以长到 8 米高！呵呵，8 米，这可是做梦都想不到的身高！能够像一棵大树那样俯瞰众生，那种感觉很美妙，这和故乡两米的身高简直不可同日而语。虎杖布满紫红色斑点的茎秆上，从稍显膨大的关节处伸出的绿叶，葳蕤蓬勃。

一棵草，看上去就像是一大丛红绿相间的刚劲的“铁丝网”。

“胳膊”如此给力，“腿脚”也像是吃了“激素”。它那横走的地

下根茎，在这里有了极强的穿透力，可以从水泥板、沥青路或者砖缝中钻出来，并且依靠其强壮的根系把裂缝撑大。仿佛压抑了几世的憋屈终于可以释放，虎杖浑身上下有着使不完的劲。

将身边的植物挤出领地，在虎杖眼里，就是个简单的事。建筑物遭遇它也变得战战兢兢。

虎杖的根系也超级庞大，既可以横“跑”7米，也可以竖“跳”5米以上，很难清理干净。深藏的根系，能在土壤中潜伏10年，遇到合适的机会，又会“杖”根走天涯。

虎杖——以观赏植物引入的一株草，很快成为英国境内不折不扣的入侵植物。脱离了约束的虎杖，攻城略地，势如猛虎。英国莱斯特大学的生物学家认为，虎杖是世界上最大的雌性群体——它的繁殖力，无可匹敌！

从此，如何将虎杖清理出自己的家园，让英国人伤透了脑筋。仅在2003年，英国政府就投入了15.6亿英镑用于清除虎杖，但收效甚微。这些年，欧美地区的法律中，已经明确，严禁在野外种植虎杖，一旦发现，将面临牢狱之灾。

虎杖，不仅改写了一些国家的法律，还殃及平民。

英国《每日电讯报》2014 年 3 月 31 日报道，患偏执狂症的英国男子麦克雷，因过度忧虑自家遭到虎杖的“入侵”，竟然杀死妻子，然后自杀。

麦克雷在遗书中写道：“我觉得自己并不是邪恶的人，但虎杖从罗利·雷吉斯高尔夫球场翻墙蔓延至我家，使我的头脑失去平衡……绝望到这样一个地步，今天我杀死她（意指妻子），因为我不希望自杀后让她没有收入却独自过活……”

事情演绎到如此地步，虎杖也委实令人发指。然而，发生的这一切，都是虎杖的过错吗？

在故乡东亚，虎杖普普通通，就是一种个子高点儿的草。冬枯夏荣、安分守己，像个严于律己的孩子。管束它的，有冬季的严寒，还有一种名叫木虱的吸汁昆虫。

木虱不会直接吃掉虎杖，而是像蚜虫那样吸吮它的汁液。木虱一旦发现食源，吃喝拉撒睡，就全都集中在虎杖身上，以此为家，大肆繁殖。虎杖的活力乃至身高因此被套上了“枷锁”。

了解了虎杖的生态习性后，英国政府开始允许用木虱来控制虎杖。从 2011 年开始，数以百万的木虱受邀前往英国，和虎杖开战。

然而，引入外来物种帮助人类攻打入侵物种的后果，会不会是引虎驱狼，现在还很难说。

澳大利亚 1935 年引进两栖动物甘蔗蟾蜍，原想控制当地一种吃甘蔗的甲虫。但引进后科学家发现，这种蟾蜍不仅吃甲虫，而且吞食其他种类的小动物，且数目惊人。还有，木虱，并不总是对环境有利，有一种木虱在 1998 年混进柑橘产业非常发达的佛罗里达，就传播了柑橘黄龙病（HLB）……

基于此，英国环境研究组织正在进行多种试验，确定木虱是否还吃虎杖以外的植物，以确保这种昆虫只对目标植物有效。

这是一场漫长而充满未知的战争，昆虫与植物、人与动植物、动植物与生态等等的关系，都需要认真思考和研究。

达尔文说，人不能真正产生可变性。

当人类失却谦逊，想要随意改变物种的习性为自己服务时，植物内部的飓风，便化作变性的虎杖，给人当头一顿猛击。

两面花曼陀罗

初识曼陀罗，是在华佗“刮骨疗毒”的故事里。

关羽固然坚强，但当明晃晃的刀子直接划破皮肉、深入骨髓时，人没有疼得晕过去才怪！这不关乎坚强，这是因为人的神经和痛觉大致相同，关羽也不例外。之所以说这个故事，是因为故事中让我记住的不是超然勇毅的关羽，也不是医术高明的华佗，而是华佗在此手术中用到的一种叫作麻沸散的药，一种以植物曼陀罗为主角的奇妙的麻醉剂。

能够作为麻醉剂的植物，该拥有神秘、诡异或者妖艳如“毒花”罂粟那样的长相吧？

很长一段时间，曼陀罗只在我的脑海里神秘地生长着，我并不能确认它的模样。

大学毕业后，我被分配到植物园工作。工作的园子里有一间温室。第一次走进温室时，迎面是一株正在开白花的植物，与我小时候在田间垄畔上见到的一种名叫大麻子的草很相似，一样巴掌大的阔叶，一样下垂的喇叭状花朵，一样如刺猬般的果实。

大麻子猪不吃，羊不啃，也没有人用它喂牲口。那时候，大部分人认为它的存在纯属多余。

可眼前的植物堂而皇之地生长在植物园的展览温室里。这应该是一种南方植物，冬天不能在北方的户外越冬。的确，仔细看眼前的植物是木本，它的各个部件都比大麻子草大一号。

当我得知，眼前的植物就是曼陀罗时，我听见心中有个失落的声音在说：不可能，曼陀罗怎么长成这样！叶无姿、花无色，平凡得如荒郊野外的一株草。直到后来我看到、听到一些关于曼陀罗的消息报道，才开始重新审视它的存在并认识到它的神秘。

一则来自自贡的消息是这样的：一位女士摘了两朵楼下的曼陀罗花，拿回家煮汤。吃完饭后，这位女士开始头晕、呕吐、出现幻觉，在丈夫和儿子的陪同下去医院看病。医生这边正抢救妻子，不承想前去缴费的丈夫却摇摇晃晃地走到一位病人的床前，向人家索要 20 万元现金，眼神迷离，答非所问。他情绪亢奋，不停地敲打窗户和储物柜，指着别人的荷包说是提款机，直到被大伙儿控制。而此时，患者的儿子也开始出现视力模糊、呕吐等中毒症状，但程度较轻。好在就诊及时，3 人都没有生命危险，次日便康复出院。

类似的报道不胜枚举，曼陀罗似乎成了恶之花。而让这些糊涂的吃花人中毒的成分，是曼陀罗花果中含有的莨菪碱、东莨菪碱和少量的阿托品。

这些在今天看来依然是毒品的东西，在曼陀罗的眼里，不过是自己鼓捣出来，对付“天敌”——食草动物的化学武器。

植物化学家曼陀罗的本意该是这样的：以自己的叶片、花果为食的食草动物，在咽下自己身体上的任何一部分后，都会经历头晕、呕吐和出现幻觉等症状，于是不敢再次造访。或者，这些动物在清

醒之后，会完全忘记曾经食用的那株曼陀罗生长在哪里。

人，在曼陀罗的眼里，真是一种莫名其妙的动物。他们当中的一些人竟然甘心以幻觉的方式，抵押理智，去追寻虚无缥缈的所谓快感。这有点超出了曼陀罗的理解力。

在古埃及壁画里，有很多这样的场景：有地位的古埃及人在自己家里开 party 时，会拿出曼陀罗花果挨个给客人闻，好让闻者很快生出愉悦感；欧洲、印度和阿拉伯国家的人们，称赞曼陀罗是“万能神药”。除做外科手术的麻醉剂和止痛剂外，还做治疗癫痫、蛇伤、狂犬病等药品；文艺复兴时期，爱美的意大利妇女，将含有莨菪碱的曼陀罗汁滴进眼睛，形成散瞳的效果，以使自己看起来更漂亮一些——爱美的女人胆子真大啊。

更有甚者，早在中国的宋朝，就有用曼陀罗酒麻醉抢劫、杀人的记录。

金庸在《天龙八部》中借段誉之口说：“山茶花……另有个名字叫作曼陀罗花。”可见金先生对于植物，也是个外行。幸亏段誉是把山茶当作曼陀罗花，要是颠倒过来，段誉的小命恐怕早难保全。

中国也有孜孜研究曼陀罗的专家学者，譬如李时珍。他做出以身试毒的决定，只源于他听到的一句话——如果一个人笑着采集此花酿酒饮用后，必大笑不止；而舞着采集此花酿酒饮用后，会一直手舞足蹈。

这天，李时珍提前备好了曼陀罗花酒，邀来徒弟共饮，末了，果真如传言所述，师徒二人既笑且舞。这段经历之后被李时珍写入《本草纲目》："相传此花笑采酿酒，令人笑；舞采酿酒，令人舞。予尝试之，饮酒半酣，更令一人或笑或舞引之，乃验也。"

当然，李时珍不愧为医药大家，后来他逐步弄清楚了这天才化学家曼陀罗的秉性，从而用其治病救人："果中有东莨菪，叶圆而光，有毒，误食令人狂乱，状若中风，或吐血，以甘草煮汁服之，即解。"短短几句话，不仅概括了曼陀罗的形态，而且指出了误食曼陀罗的中毒症状和解药。

麻醉，只是曼陀罗能力的一个方面。在《本草纲目》中，李时珍还列举了关于曼陀罗好多简单易行的治病良方，如"面上生疮，用曼陀罗花晒干研末，少许贴之；大肠脱肛，曼陀罗子连壳一对，橡斗十六个，同锉，水煎三五沸，入朴硝少许，洗之"等等。这些单方和验方，既具科学性，又简便、廉、验，在今天看来，也依然有实际的操作价值。

所以说，花朵，并无善恶之分，所谓的善与恶，只取决于你拿它派什么用场——在人类的无知误食或是恶意使用下，曼陀罗是"魔鬼的号角"；而使用得当，曼陀罗也会治病救人，成为"天使的号角"。雨果《笑面人》中的狂人医生苏斯，就很清楚曼陀罗的阴阳两性。

至于曼陀罗到底是药还是毒，也是取决于其用量的多寡：适量为药，过量为毒。

后来，西安植物园还引进了彩色曼陀罗，有黄花、粉花和重瓣的紫花等等，曼陀罗的家族，一下子变得美丽妖娆起来。

傍晚，静静地倒挂在枝头，花冠微闭如含羞般掩面低首的曼陀罗，似乎向看到它的每一个人，竭力隐藏自己的故事——天使与魔鬼交织显现的两面花的故事。

格桑花的舞步

当波斯菊在声声驼铃中，历经漫漫黄沙，沿丝绸之路与茶马古道进入华夏大地时，这位老家在墨西哥的高个子草，一下子就爱上了这里。它落地生根，乱花渐欲迷人眼。甚至，在雪域高原之巅，也能直面萧索，用它的“纤臂柔骨”和恬静的花朵，书写出生命的瑰丽。人们将它连同那些不知名的草花，统称为格桑花。

“格桑”，在雪域高原，是幸福的意思。

大概是它太皮实了，庭园、郊野、路畔、沟渠，哪里都能当家，哪里都可以开出一世繁华。入乡随俗的波斯菊，很快拥有了许多俗气的名字：扫帚梅、茴香花、须须花、八瓣梅、张大人……这些名字听着普普通通、热热闹闹，只是少了些许诗情画意。

可以理解，叫扫帚梅、须须花和茴香花的缘由，皆因波斯菊的花茎细细长长，深裂的羽毛状叶子，丝丝缕缕、交互缠绵，像一把把倒立的小扫帚。这般模样，其实也像拥有线形叶、蓬蓬勃勃的茴香。叫八瓣梅，大概是因为波斯菊大都拥有对称的 8 片“花瓣”吧。

用人的名字冠名一种植物，此人与该植物肯定有着非同寻常的故事，譬如刘寄奴，譬如徐长卿，等等。

拉萨的藏人将波斯菊称为“张大人”，对当年的驻藏大臣张荫棠来说，是一种纪念，更是一种荣誉。

入藏时，张荫棠曾随身携带了许多花种，但藏区的土壤，只接纳了生命力旺盛的波斯菊，其他种子均无法立足。从此，拉萨街头便被越来越多的波斯菊装点，成为最耀眼的自然风景。当地人不知此花何名，只知道是“张大人”带入西藏的，因此，大家称此花为“张大人”并相传至今。“张大人”也因此承载了万物萧索时的希望，是民族不屈不挠精神的象征。

其实，叫它波斯菊，也不科学，听这个名字，就知道它是舶来品。“波斯”二字，常让人以为它来自遥远的波斯王国（现今的伊朗），但它和古波斯国、波斯湾没有任何关系。波斯菊的老家在美洲的墨西哥，这个国家的国花里有仙人掌、有大丽菊，却没有波斯菊，看来家乡人也认为波斯菊是个喜欢四处漂泊的花花。

在哥伦布发现新大陆后，波斯菊从船员的指尖来到欧洲。从此，欧洲的绅士和淑女，才有缘见到了这种楚楚动人的花。

即使一丝微风，也令柔美的波斯菊摇曳生姿，展现出比芭蕾舞者更轻盈的舞步。这轻舞飞扬的舞步很快从花园旋转到郊野和山林，在欧洲大陆落地生根。

简约袅娜的波斯菊也征服了植物学者的心。他们为它取名Cosmos——是希腊文“勋章”之意，也是英文里“宇宙”的意思，这倒十分贴合它现在遍布全球、如太阳般明媚宇宙的现状。

明治中期，Cosmos到达日本，开始在亚洲的土地上轻舞飞扬，日本人叫波斯菊为秋樱——秋日的樱花，这姿态、这色彩，还真有几分神似呢。在韩国，Cosmos也成为家喻户晓的花朵。

我更喜欢叫它的中文学名秋英——只需撒下一把花种，秋天就会有繁花一片，听起来也像邻家小妹的名字。秋英的叶形雅致，纤细的茎上举出硕大的花朵，看上去温婉雅致、弱不禁风；但娇弱的外表下，却有着丰沛的生命力，是一种适合在野外恣意蓬勃的草花。

即使茎秆被风雨折倒伏地，也会在茎上生出根须，慢慢地昂起头来。

另一方面，秋英也有不容亵渎的自尊，如果将它折下来把玩，秋英会很快哀伤得枯萎。所以秋英的花语是坚强和倔强。

由很多小花构成的头状花序，是包含向日葵在内的菊科大家族成员的共同特征。秋英也拥有着与向日葵一样的结构：舌状花，花冠延长，形成美丽的裙摆“花瓣”，而花盘中如太阳的“花蕊”，由管状花组成，这才是真正的花朵。一朵朵小花秋末会变成狭长的种子。种子有缘刺儿，能钩住它遇见的任何动物的皮毛和人类的衣裤。

我们，在不知不觉间也成为秋英的传播者，这也是它的一种智慧哦。娟秀坚强的波斯菊，就是这样征服全世界的。

秋日的阳光下，俯身波斯菊，深深地低下头去，再用仰视的角度，透过太阳的光芒看它们，会看到一群身穿红、粉、白色丝绸衣裙的“太阳”，正款款奔向纯净蔚蓝的天空。

有时候，我们需要俯下身来，才会发现美。

有时候，换一个角度看问题，方可看到更本质的东西。

葛藤的“潘多拉魔盒”

一天，一位就职南方的同学问我，葛藤在你们西安表现如何。

“一般般，就是一种普通的藤蔓植物。”

“哦，在我们这儿，它可是头号植物杀手……”

唉！我特别不习惯给植物冠以“杀手”的称谓。在自然界，一种植物突然间变成“脱缰的野马”，归根结底，要问责自以为是的人类。

在西安植物园药用植物区的入口藤架上，葛藤与何首乌、紫藤、青藤和平共处了50多年，一岁一枯荣。从没有见过葛藤用密匝匝的绿叶笼盖一切，它甚至一点儿也不出众，我向学生指认它时，还要在众多羽状复叶中，仔细寻找它那巴掌大的三出叶片。

葛藤的本性，该是与人为善的。

在《诗经》中，葛藤和采葛人相映成趣，葳蕤了千年——“葛之覃兮，施于中谷，维叶萋萋。黄鸟于飞，集于灌木，其鸣喈喈。葛之覃兮，施于中谷，维叶莫莫。是刈是濩，为絺为绤，服之无斁……”

翻译一下就是：葛藤长得长，蔓延山谷中，藤叶多茂密。黄雀上下飞，栖落灌木上，喈喈啭欢声。葛藤长得长，蔓延山谷中，藤叶多茂密。割藤煮成麻，织成粗细布，衣裳穿不厌……

轻轻读来，眼前便浮出一幅画，绿油油长满葛藤的山谷里，男耕女织，处处充溢着欢喜自在。隔了2000多年的光阴，我甚至闻到了采葛人衣衫上散发出的葛藤清香。

如今，葛藤还像当初那样绿影婆娑，只是，一些人怎么就谈葛色变了呢？

究其原因，是人的作为打破了自然界经过很长时间才建立起来的动态平衡。

葛藤身上隐藏的“潘多拉魔盒”是怎样被打开的？

那是1876年，葛藤从故乡之一的日本，现身美国费城举行的世界博览会时，它的足迹、名声和命运，从此发生了翻天覆地的变化。这也让从未走出亚洲的葛藤始料不及。

最初，葛藤是以凉棚植物的身份，爬上美国南部城市里的凉亭和藤架的，它用“三出叶”快速织就了片片绿荫。人们投向它的眼神，是温和的，甚至充满了感激。葛藤没有想到的是，20世纪，经过当地一位植物学家的试种推荐后，自己突然间就“飞黄腾达”起来，成为美国联邦政府重点推广的植物。

在亚热带季风的吹拂下，葛藤欣喜地发现，这里没有天敌，一年四季温暖如春，太适宜自己居住了。它再也不用在冬季里缩手缩脚，每天都可以撒着欢地生长！

葛藤不仅向植物学家显示了自己神奇的生长速度，还殷勤展示了自己全方位的优点：不择土壤、根深叶茂，是水土保持的好植物。花、枝、茎、叶样样有用，花可醒酒；叶子牛羊爱吃；藤是绿肥，还可以编织工艺品；葛藤的块根，可以加工成淀粉和类似于豆腐的食品……

于是，当美国南部惊现虫灾和经济大萧条、农田大面积撂荒而导致水土流失时，葛藤顺理成章地成为“救荒”植物、“大地的医生”。美国农业部用奖金鼓励种植，建立苗圃重点培育。到 1940 年，仅仅在得克萨斯一州，就种植了超过 50 万英亩的葛藤。

在这场不受大自然约束的“旅途”上，“带着面包和水壶去旅行”（萧仑语）的葛藤，将自己夸张的生长天赋，展露得淋漓尽致——一株葛藤可以分出 60 个枝杈，呈放射状泼辣辣伸胳膊伸腿。每个分杈每天赛跑似的爬出 5 到 10 厘米开外，一个生长季节攀爬近 50 米，总长度接近 3000 米！

换个说法，50 万亩的葛藤，十年后，已经翻了个儿，把一百万亩的土地，以及土地上的一切，用自己的绿荫，遮盖得密不透风。

葛藤的生长速度到底有多快？幽默的美国人这样调侃：栽种葛藤的人，掩土之后必须跑步离开，否则，葛藤的藤卷，会缠绕上园艺师的腿，迅速把园艺师变成它的藤架。

葛藤撒腿撂欢，长的是真尽兴。可它笼盖下的其他植物，却遭了殃——没有了阳光，没有了立锥之地。

似乎是一眨眼的工夫，人们惊恐地发现：原本恩泽大地的藤蔓，突然间变成了绿魔，它的胃口超强，轻而易举地吞下了森林、山石以及它所触及的一切。目力所及，只剩下一个个“绿茧”。

到 70 年代，葛藤占领了密西西比、佐治亚、亚拉巴马等州 283 万公顷的土地，演变成美丽的灾难。而此刻，人们已经失去了对它的控制力。1954 年，美国联邦农业部已经把葛藤从推荐植物的名单上划掉，开始转向研究如何控制和消灭葛藤了。然而结果却是“野火烧不尽，春风吹又生”。

人类有意无意打开的潘多拉魔盒，不是轻易就能够关上的！

和葛藤的情况类似，原产于南美的仙人掌，当初被当作观赏植物引进澳大利亚后，没料到它们迅速蔓延开来，飞快占领了澳大利亚 2500 万公顷的牧场和田地。人们用刀切、锄挖、车轧，均无济于事。200 年前，澳大利亚从欧洲引进了几只家兔供人观赏，在一次突发的火灾中，家兔逃出木笼变成了野兔，不到 100 年，野兔的身影已经遍布澳大利亚，成了破坏庄稼、与牛羊争食牧草、影响交通安全的祸害……

是葛藤、仙人掌和兔子，错了吗？

不。始终生命力旺盛的葛藤、仙人掌和兔子，都没有错！

假如，它们没有到过缺乏天敌和寒冬控制的异国他乡；假如，当地政府没有极力鼓吹单一种植，“潘多拉魔盒”就不会打开。

我国也是葛藤的故乡之一。葛藤从《诗经》中人们喜爱的麻衣

植物，转变成为我国南方所谓的绿色“杀手”，也仅仅是近十多年的事情……

在我眼里，葛藤，依然是《诗经》里那个葛藤。三片心形叶子组成一枚枚复叶，在艳阳下圈出片片绿荫。初夏，当紫红色的花冠像一群群蝴蝶开始翩跹时，空气里便有甜丝丝的香味弥漫开来。

闭上眼睛深呼吸，这葡萄般的香味，会引你回到《诗经》里那男耕女织的画面：“葛之覃兮，施于中谷，维叶萋萋……是刈是濩，为絺为绤，服之无斁……”

祈愿葛藤，在所有人的心目中，早日回归上古时这可爱的模样吧！

更祈愿，不要有意无意干涉大自然千百年来建立起来的生态平衡，哪怕是对待一株不怎么起眼的植物……

西红柿，蔬菜？水果？子弹？

告诉我，西红柿是蔬菜，还是水果？

一辈子爱喝西红柿蛋汤的老妈肯定会说，是蔬菜；注重食材营养的老公则可能在心里掂量掂量，然后得出结论：既是蔬菜也是水果。女儿朝朝，大概要跑到家里的水果篮前看看今天有没有她爱吃的水果后，才告诉我答案；而西班牙小镇布尼奥尔的居民们听到后，一定会不屑地撇撇嘴说：除过蔬菜和水果，西红柿怎么能少了快乐的投掷“子弹”这个身份呢？但如果我站在菜市场门口，去问进进出出拎着菜篮子的主妇们，我想大部分人会白我一眼：喜欢吃就好，分那么清干吗？

西红柿是蔬菜，还是水果？我们当然无所谓啦。然而，在 100 多年前的美国，有人却非要分个一清二楚，为此还闹到了最高法院，因为这关系到要不要缴纳高额的关税。

这是一个有点搞笑的法律案子。作为商人的原告认为，西红柿是水果，要求返还他高达 10% 的进口蔬菜关税；而当时的被告——纽约海关，则认定西红柿是蔬菜，需要纳税。

关于西红柿“是蔬菜还是水果”的激烈辩论，为当时的法官和辩护律师们，上了一堂精彩的植物课。法庭上，双方纷纷邀请出“证人”《韦氏词典》《帝国词典》《植物学大词典》等，铿锵宣读对自己有利的章节。一番咬文嚼字后，原告强调：词典说了，西红柿属于“果实”，所以应该归于“水果”，不应收取关税。被告也不示弱：辣椒、茄子、南瓜这样的植物“果实”，你能拿它们当水果吃吗？这些果实，生活中可都是充当“蔬菜”的。尽管原告律师颇费口舌地引经据典，但法官最终站在了被告一方，裁决番茄是蔬菜，而不是水果。

鲜艳的西红柿，对此结果，以及对于人世间这场因它而起的小小纷乱和利益之争，表现得相当淡然——当蔬菜或者当水果，只不过是人的习惯问题，自己在他们生活中的地位是固若金汤的——不像当初在老家秘鲁和墨西哥。那时，人类对西红柿是充满敌意的，说这种长在森林里的野生浆果有剧毒，人吃了身上会起疙瘩、长瘤子。也不知道是谁，还给它起了个可怕的名字——“狼桃”。听听这名字，谁还敢吃？往事不堪回首，那是一段多么漫长而又难挨的岁月啊！

是金子，总会发光的。当人类的一日三餐，再也离不开西红柿时，西红柿微笑着列出了自己的感恩名单。

名单里排在首位的，是一位英国公爵。16世纪，这位名叫俄罗达拉的英国公爵，在南美洲旅游时，被西红柿鲜红欲滴的迷人外形惊得瞠目结舌。他如获至宝般将它带回英国，作为爱情的信物，献给了心中的女神伊丽莎白女王。从此，西红柿摆脱了噩梦，以“爱情果”和“情人果”的身份，住进了人类的花园，跻身为观赏植物和礼品。

从野生到人类有意识的种植，西红柿为家族的扩大，迈出了坚实的一步。

名单里排在第二位的，是一位法国画家。西红柿的倩影，无数次晃动在这位画家的眼睛里和画展中。西红柿是了解这位画家的，它心中这位画家的弱点，大致也是人类的通病——面对美好的东西，总想据为己有，甚者会腹藏之。

一天，这位画家实在抵挡不了那红艳艳的诱惑，三两下就把一个美丽绝伦的西红柿吃进肚子里。然后，一边回味着西红柿酸酸甜甜的滋味，一边躺到床上等死。一天过去了，除了有点饿外，他依然感觉良好地躺在床上，美丽可爱却“有毒”的浆果，并没有带他去拜会死神——难道西红柿是无毒的？可不是吗？这消息，像一阵飓风，迅速刮遍全球。

经过这位画家的口，西红柿完成了自己的华丽转身——它开始与人的胃握手言欢，西红柿的地盘，无可非议地，迅速扩大了许多。这看似简单的“从看到吃”，西红柿为此，却等了整整一个世纪。

接下来，在“和平”年代，西红柿要感谢的当属忙于算计的营养专家了，他们为它起了个好听的名字“菜中之果”，并用一系列数字标榜了它的营养价值——西红柿中维 C 的含量为 20 毫克 / 百克，而苹果仅为 3 毫克 / 百克。葡萄糖和果糖的含量为 1.5% ~ 4.5%，占其总重量 0.6% 的是各种矿物质，其中以钙、磷较多，锌、铁次之，此外还有锰、铜、碘等微量元素。其特有的番茄红素，清除自由基的功效远胜于维生素 E，其淬灭单线态氧的速率常数，是维生素 E 的 100 倍，是迄今为止自然界中发现的最强抗氧化剂之一，可有效预防衰老……呵，美丽的西红柿真是表里如一啊！我在电脑上敲下这些文字时，心中想的是，下班后去买菜，一定要多多地买西红柿——看来，愈发妩媚和超有内涵的西红柿，你是不是也应该感谢我们这些喜欢吃你的普通人呢？

每年 8 月的最后一个星期三，西班牙的小镇布尼奥尔，会准时举行另类的“西红柿节”。来自世界各地的几万名游客，会用 100 多吨的西红柿相互投掷（游戏规则：捏烂后再投），见人就扔，不分敌我。无数红色的“子弹”在小镇的天空中穿梭飞舞，“中弹”是迟早的事。待这场快乐而又刺激的“西红柿大战”结束时，地面上已是厚厚一层西红柿汁了，整个街道就像一条红色的“番茄河”意犹未尽的“战士”，还不忘扑倒在血红的酱汁中，摆出各种好玩的 pose……

在这场浩大的人与植物、人与人的狂欢中，西红柿肯定不用像哈姆雷特那样，和自己讨论生存还是死亡的问题。因为对植物而言，无论是以水果或是蔬菜的方式被吃掉，还是被当成“武器”消耗掉，对整个种群来说，都是好事——个体的迅速消失，可以换来种群更多“生长”的机会，这是好多植物求之不得的呢。

第三辑　植物与人类生活

茅草启迪鲁班造锯

“没有花香，没有树高”，茅草朴实无华的小小身影，几乎吸引不了人类欣赏的目光。如果它们不幸混迹于小麦和水稻中，农人会像铲除“野广告”那样，除之而后快。

但它那线条形、似乎柔弱的腰身，也曾为人类立下过汗马功劳。“八月秋高风怒号，卷我屋上三重茅。”可见，以天下之忧为忧，渴望拥有千万间广厦，“大庇天下寒士俱欢颜”的大诗人杜甫，当时，就住在由缕缕茅草搭建的小屋中。

远在新石器时代，勤劳的中华先民就在稻谷芬芳的河姆渡田野上，用树干、茅草和泥土搭建起干栏式的茅草屋，以躲避风雨和禽兽。

直到今天，茅草屋依然是非洲最典型、最传统的房屋建筑，是80%农村居民的掩蔽所和避风港。与非洲人的观念不同，在英国，茅草屋可不是原始、落后的标志；恰恰相反，茅草屋是英国的国宝。具有百年以上历史的茅草屋，既华丽又古典，加上现代建筑材料的装饰，优雅神秘如一个个童话王国。价格不菲的茅草屋，维护费用更高，因而是富人们的专属——这些被重新定义了的茅草屋，大约连茅草自己也感到受宠若惊吧?

在茅草的生命中，引以为豪的另一件事，是它的叶子启发了能工巧匠鲁班，让他设计、制造出了伐木用的锯子。

相传春秋末期，鲁国一个叫鲁班的工匠，接了一项大工程，这个工程的建设需要很多木料。由于当时没有锯子，他的徒弟们只好用斧头一下又一下地砍伐树木，效率低是不言而喻的。

着急的鲁班决定亲自上山巡查。上山时他无意中抓了一把路边的茅草，不料手一下子便被割破了一条条血口子。鲁班很奇怪，自己一直不在意的小草竟如此锋利。他停下来，摘下一片草叶儿仔细观察，他发现，茅草细长叶子的边缘还长着一排不起眼的小细齿，用手轻轻一触，就能够感受到它们的锐利。鲁班明白了，他的手就是被这些小细齿划破的。

正是茅草“不要轻易碰我”的小小智慧，启发了同样智慧的鲁班——如果把伐木用的工具做成锯齿状，不是会锋利许多吗?砍伐树木的效率，也会大大提高。

大千世界茫茫人海，每天，肯定会有不少人碰到过手被茅草划破之类的情况，为什么单单鲁班会停下来思索，而我们却在伤好之后，就把这件事忘掉了呢?所以，我们成不了发明家，机会只垂青那些有准备的头脑。

鲁班回到家，第一件事，就是模仿茅草，在一片细长的大毛竹片上刻出锋利的小锯齿，然后到小树上去试验，效果还不错，几下子就把树皮给拉破了，不一会儿，树干上出现了一道深沟。但是由于竹片的强度较差，不能长久使用，拉扯不久，小锯齿有的断了，有的变钝了，需要重新去雕刻。

当善于动脑的鲁班把他的构思诉诸铁匠的时候，快捷省力的锯子，从此诞生了。

许多资料说引发鲁班造锯的茅草是丝茅草，我不这么认为。丝茅草叶缘上的纤毛，不足以划破人的皮肤；拔下一棵丝茅草，用它的叶缘在手上来回划动，人只有痒痒感而不会被划伤。

叶子锋利似刀的刀茅草，才有可能是鲁班借鉴的模板。因为人若不小心从刀茅草丛中穿过或者人们收割它时，锐气十足的刀茅草，会毫不留情地给人身上留下一条条滴血的伤口。据说朱元璋曾经用刀茅草的叶片割肉吃呢。

无论丝茅草还是刀茅草，都是禾本科茅草家族里的成员，因此说是茅草启发了鲁班造锯，没错！

苍耳与尼龙搭扣

金秋，陪朋友在园子里拍照，走着走着觉得小腿痒痒的，还以为又遭遇了蚊子——植物园的蚊子多是出了名的。低头一看，这次冤枉了蚊子，粘在我丝袜上的，是一粒黄褐色的苍耳。我环顾四周，并没有看到苍耳草的身影，不知何时，苍耳已悄悄选择了我的丝袜，作为它免费的列车。

小时候我是领教过苍耳的本事的，于是，小心谨慎地往下摘取。可这粒苍耳并不配合，它执着的钩刺，丝毫没有松手的意思，我美丽的丝袜瞬间被洞开！我不由得恼怒地对“朋友”说：“你来也不提前打个招呼，好让我不爱红装爱武装。若换上长裤，也不至于牺牲一双丝袜。”

“呵呵，这苍耳，可是《诗经》中的植物‘卷耳’呢。在这粒卷耳眼里，你的丝袜就是曾经帮它们迁徙播种的牛羊，好不容易碰到了，当然要紧紧抓住以表达爱意，别不解风情啦。”

这家伙！

的确，植物学家林奈眼中的“黏着植物”苍耳，正是依靠蒴果上“粗野”的钩刺，攀爬在动物的皮毛上，从家乡俄罗斯出发，足迹遍布

了大半个地球。枣核形的苍耳，一路高举着尖尖的钩刺，到处都能够看到它们凌厉的进攻姿态。

“秋夜苍苍秋日黄，黄蒿满地苍耳长。”每逢秋季，于不知不觉中，你我他都成为过苍耳眼中的“牛羊”，免费携带着它们的种子旅行，是它们迁徙的载体之一。

不得不佩服苍耳的智慧。苍耳没有蒲公英轻灵的降落伞，不具备槭树科植物的螺旋桨，没有杨柳的棉絮，也没有吸引鸟雀的甜美果实。但苍耳独辟蹊径，为自己装备了无数个小手一般的钩刺。

事实证明，这钩子般的手，不比任何植物的远行装备差！

重要的，苍耳的这身“戎装”，曾启发了一位发明家为现代人开启了方便之门。这位发明家名叫乔治，是位瑞士人。

乔治有带狗去户外散步的习惯。有一次散步回家，发现自己的裤腿上和狗身上都粘满了草籽。这草籽非同一般，它牢牢地粘在狗毛上，需要下一番功夫，才能把它扒拉下来。这让乔治感到奇怪。他仔细观察这种草籽，发现草籽上长着无数带钩的小刺，从不同方向紧紧地钩挂在狗毛中间。

钩刺和皮毛，当这两个概念在乔治的脑海中发生碰撞时，我们的生活中，开始多了一个好帮手——尼龙搭扣。尼龙搭扣的一面，“站立”着一根根不同方向的小钩刺，扮演着苍耳的角色；另一面由密密麻麻的小线圈组成，担当的角色是动物皮毛。两面相遇时，钩刺牢牢钩住了小线圈。

从此，左缠右绕、令人头疼不已的球鞋鞋带，书包、背包上易坏的拉链等，逐渐被容易打理的尼龙搭扣所取代。

用类似苍耳的这身“戎装”传播种子的植物还有很多。

鬼针草的种子具有刺毛，我还记得小时候毛衣上除毛线球以外，最多的就是鬼针草了。牛蒡，总苞片先端弯曲，变成许多坚硬的钩刺。在乡下，它总是“傍”在牛尾巴上，可怜那牛尾巴左甩右甩却很难甩掉它。狼把草的利刺末端，长着无数像鱼钩那样向下弯曲的小刺，性情如狼。龙牙草果实的底部呈圆锥形，顶部长着一圈圆钩形的倒刺，类似于电影中的血滴子造型。长着钩状毛的绒毛山蚂蟥豆荚里，一般有六七颗种子。挂在动物身上的豆荚，在动物跑跳时很容易断开或脱落，当豆荚一节节打开时，豆荚里的种子，就会朝着不同的方向散播……

这些带钩刺或钩状毛的种子，都能够轻而易举地挂在动物身上，将后代远送他乡。

包括很多人，都为这些植物免费服务过。

王莲的水晶宫殿

夏日里，花叶俱奇的浮水植物王莲，是西安植物园最吸引眼球和上镜率最高的“娇点”。沁人心脾的花香在喧嚣的闹市里，圈出一方静谧和舒爽。王莲的奇花异叶，像一幅别致的风景画，一首纯美的现代诗，瞬间就将观者送到热带的某个水域。

老家在巴拉圭的克鲁兹王莲，已经适应了古城西安的气候与环境。

曾经，在这片西北的水池里，王莲叶片的直径长到了 2.90 米，超过了已知的王莲叶子 2.78 米的世界纪录。这超级大的叶子，除过培育者的精心照料，剩下的，就是王莲愿意将他乡当故乡的全部证据。

王莲的叶子大而平展，叶缘向上直立翻卷，看起来就像一个个浮在水面上的巨型平底锅！尽管在一片“叶子锅”里，完全可以躺下一个普通身高的人，但王莲长成平底锅的目的，决不是要“烹饪”人类，也不是要与水中圆月的倒影媲美——那平铺水面的巨大叶子，可以最大限度地接受太阳光的照射，进行光合作用制造营养，而不必担心被热带赤裸的阳光灼伤；翻卷起来布满利刺的“锅沿”，巧妙地拒绝了水生动物们想在平展展的叶面上晒太阳、睡觉的心思。

尽管如此，当它生长在都市里的植物园时，看到它的人，除过“啊”的一声惊叹外，或许都会聊发少年狂，想到王莲叶子上去坐一坐。因为大家从电视和新闻图片里，早已知晓了王莲叶子巨大的负载力——2010 年夏季，西安植物园发布电视消息，一片王莲叶子

上竟然坐上了五个小孩，约200斤！而叶面只是向下浸湿了一点点，叶子整体安然无恙。这一奇观一时间引得国内无数媒体竞相报道。著名的铺沙试验也表明，一片直径1.5米左右的王莲叶子，能承受75千克的沙子。绝对的王者风范！

王莲叶子锅沿上的利刺，挡得了水生动物，却挡不了人类的好奇心。

和普通叶子薄厚相当的王莲叶子，其巨大浮力的秘诀，在于王莲叶片背面有类似于蜘蛛网的粗壮叶脉。王莲叶子背面正中间位置是叶柄，从叶柄处放射状排列着无数粗大而空心的叶脉，大叶脉之间又连着镰刀形状的较细的叶脉，叶脉里面还有气室，形成了相互交错的叶脉骨架结构。正是这种结构，使王莲叶子具有了很大的承重力，并且稳稳地浮在水面上。

世界上才华横溢的建筑师，也曾经拜倒在王莲的“石榴裙下”。1849年，英国决定举办世界博览会，会址选在伦敦的海德公园。但当时人们以建造世博场馆破坏公园树木为由，提出了强烈抗议。此

时，英国一个叫约瑟的著名建筑师，在仔细观察了王莲的叶脉构造以后，提出了自己的方案：以钢材和玻璃为原料，设计、制造一座顶棚跨度很大的展览大厅。该建筑不仅不会破坏公园树木，而且对树木的生长有利。

工程竣工后，果然如其所愿。拱形的玻璃屋顶明亮辉煌，里侧由类似于王莲叶脉的网格状钢架支撑，结构轻巧，跨度达 95 米，宏伟壮观。既具有足够的牢固性，又免除了许多梁柱——世博场馆就好像一座巨大的温室，保护着里面的树木。人们亲切地称其为“水晶宫”。

1851 年，第一届世博会成功举办，水晶宫被誉为那届世博会上最成功的展品。“水晶宫”不仅轻巧、伟岸、经济耐用，而且为近现代功能主义建筑构建了雏形。

现在，王莲叶子的结构原理已经被应用于城市建筑。许多现代化的机场大厅、宫殿、厂房，也都应用王莲这一超承重力的原理。

假如王莲会说话，面对如此多山寨的“王莲”，它会说些什么呢？

空心管竹子

想必，竹子一定非常自豪。

文人墨客喜欢咏叹它的空心又有节。《世说新语》载，东晋大书法家王羲之的儿子王徽之指着竹子说：“何可一日无此君！”东坡居士面对竹子，吟出了名言：“宁可食无肉，不可居无竹。”画家李苦禅为它题词：“未出土时先有节，长到凌云还虚心。”

竹子，也是仿生学家在大自然中师从的“高参”。受竹子“腹中空”的启发，人类设计出了空心管，大量用于建筑和轻工业。

竹子从小长到大，茎粗细的变化不是很明显。但是成熟后却长得特别高，几个月间就可以长高十几米。按说这样又细又高的竹子，应该很容易折断，但你折一根试试，轻巧而坚固的竹子，怕是不会给你这个面子的。

聪明的竹子，天生就是个力学家，它懂得把自己的茎，长成空心的结构。

中空，有利于快速生长，竹子之所以有现在的高度，功劳完全归于它“腹中空”。取一根直径为 5 ~ 6 厘米的竹子横向截开，会发现，其壁厚仅为直径的十分之一，即 0.5 厘米。有人做过试验，把空心的竹子填充做成实心的,其抗弯曲能力,就变为原来的十分之一;竹子做成实心后，在其自身重量的压力下，竹子会摇摆不定、继而站立不稳。假如毛竹长成实心的，经科学计算，只能长到高粱秆那么高。

力学奠基人——意大利科学家伽利略，曾经对中空的固体做过深入研究,他在《关于两门新科学的对话与数学证明对话集》中说道:“人类的技术和大自然都在尽情地利用这种空心的固体，这种物质可以不增加重量而大大增加它的强度。”

从力学的角度讲，任何一块材料遇到外力发生变形的时候，总是一边受到挤压力，另一边受到拉伸力，而材料中心线附近长度基本不变。也就是说，离中心线越远，材料受力越大。空心管子的材料几乎都集中在离中心线很远的边壁上，因此，越是优质材料越是向边缘布置。

竹子生长时，就很懂得运用这个道理。它尽可能地让坚硬的材料向周边分布——一方面用石细胞层、木质化的纤维束等机械组织，武装自己的茎秆；另一方面，使中心的一些薄壁组织“髓部”逐渐退化，这样，就形成了中空、木质化的管状结构。

据力学测定，竹的收缩性很小，而弹性和韧性却很高。顺纹抗压强度为 8 千克 / 平方厘米，约等于杉木的 1.5 倍；顺纹抗拉强度为 18 千克 / 平方厘米，相当于杉木的 2.5 倍；如按单位重量计算，竹的抗拉能力是钢材的 2 ～ 3 倍，故有“植物界钢铁”的美誉。可见竹子是有资本自豪的。

以竹子为师，人类制造了空心管。空心管重量轻、强度高，比同样多材料做成的实心棒能耐受更大的压力和拉伸力，所以，建筑工地的支架、自行车的车架等，都用管状材料而不用实心材料。

空心管不但抗弯曲能力强，而且中间还可以输送气体和液体，这也是在我们的生活中到处都用到空心管子的原因……

麦子熟了，沉甸甸的麦穗随风摇摆。细细的麦秆之所以能够支撑得住比它重得多的麦穗，秘密也在于麦秆的“腹中空”。如果用和空心麦秆同样多的材料，做成一根实心的麦秆，就支持不住这沉甸甸的麦穗了。

除竹子、小麦外，许多植物的茎都是空心的，像水稻、芦苇还有许多小草，动物身体中的许多骨头也是如此——手臂骨和腿骨都是空心的。同样多的材料，做成空心的管状比做成实心的棒状要粗得多，而且任何方向的抗弯曲能力都相同。

瞧！动、植物天生就是高明的机械设计手，能利用最少的材料，建造最结实的身体！

凌霄花吹喇叭

提起凌霄花，可能许多人脑海里闪现的，是当年舒婷的诗《致橡树》:

“我如果爱你——
绝不像攀援的凌霄花，
借你的高枝炫耀自己……”

是的，我注目凌霄花，也是从这首诗开始的；但凌霄给我的感觉，却在诗外。

在我眼里，凌霄绝不会借别人的高枝炫耀自己；相反，它的枝丫里，永远蕴含着乐观向上的力量。

单从树名来看，名为“凌霄”，该是凌云九霄的意思，它的花朵，也有志在云霄的气概呢。它的美，还有婉约的一面——花梗，从长长的藤蔓枝梢里伸出来，明艳的喇叭形花朵，努力地向天空昂起头，像在追寻、又像在诉说。定格在我镜头里的凌霄花，每一张，都是

用绿色的纤蔓柔条和橘红的花朵，皴染出来的国画。

凌霄婀娜的身影，就盘旋在西安植物园油料植物区的入口藤架上。两株凌霄一经从水泥缝里钻出来，便各自沿着藤架的两根柱子向上爬，茂盛的枝叶，一圈圈护住灰色的水泥柱子，像是为廊柱披了件华美的外衣。在藤架的顶部，两株凌霄会合成你中有我、我中有你的一大家子。于是，一个有着通透效果、玲珑别致的巨型立体植物画框，婉约地竖立在油料植物区的门口。

花开花落，这个充满朝气的凌霄画框，定格了数不清的美丽、快乐和甜蜜……

在科学家眼里，喇叭状的凌霄花朵，那大大的开口和狭长的尾部，是充分地吸收大自然能量的典范。

科学家以凌霄花为模板，设计制作了微波收集器——形似凌霄花阔口窄尾的微波收集器，灵敏度高得让目标微波无处躲藏，还顺带把微波承载的能量、信息收集起来，充当绿色能源，或将其转换成数字信号。

当然，无论是人眼中的模板凌霄

花，还是风景凌霄花，都懂得依靠自身的力量，竭力让每一片叶子置身于阳光最为充足的天空下，绽放出乐观向上的风华。

凌霄会派遣枝丫间为数众多的气生根，紧紧抓住身边的树枝、山石或墙面，一心一意地“直绕枝干凌霄去”（宋代杨绘），然后，一步步将花朵举上藤条的顶端。尽管，后面攀援而上的藤条，还会开出更高的花，可是每一朵凌霄花，都为之付出了努力，都将美丽，绽放在它攀登之后的最高点。即使藤条的最前端被折断，新发枝条继续攀登的决心，是折不断的，它依然会越过老枝，心思单纯地凌空直上。附着物有多高，凌霄花就要开得比它还要高——看似婉约的凌霄，真的拥有凌云之志呢。

凌霄拥有自己的主根，以及气生根，因此，它只需借助附着物的躯体，而不需要借助它的营养。可以自力更生的花，当然，是不需要着力炫耀自己的，勇往直前地向上攀登，只是想获得更多更好的阳光、雨露。

清代著名作家李笠翁是这样评价凌霄花的：“藤花之可敬者，莫若凌霄。”看来，名人眼里的凌霄花，也不全是阿谀的攀附者。

诗人舒婷大概也意识到自己当初对凌霄花的揶揄，后来又写了一篇《硬骨凌霄》的散文，算是为凌霄正名吧。

当然，人类想要展示凌霄的壮志，是不必用正在生长的大树做依附物的，否则，大树会死得很难看。因为，让大树和攀登在它身上的凌霄比活力，对大树是不公平的；抛开凌霄的束缚，它们接受的阳光与空气，也不对等。但即使凌霄有无穷的束缚力，也奈何不了钢筋、水泥、石柱，对吧？

尽管立秋了，但太阳依然炽烈。上午，我又一次从油料植物区经过，入口藤架上的凌霄花朵，从碧绿的奇数羽状复叶间，探出头来，宛如举起的一个个橘红色军号，为自己、也为后来绽放的凌霄花，鼓劲加油。从夏天一直坚持到秋天，连周围的空气里，似乎都沁透着凌霄花传递出的正能量。

凝望着太阳下满门盎然的“小军号”，耳边便飘荡起这个季节最激动人心的合奏。

生活在红尘中的我们，很多时候，是需要凌霄花乐观向上的品格的——攀援在生活的岩壁之上，直面风雨、挫折和苦难，勇往直前、永不言弃！

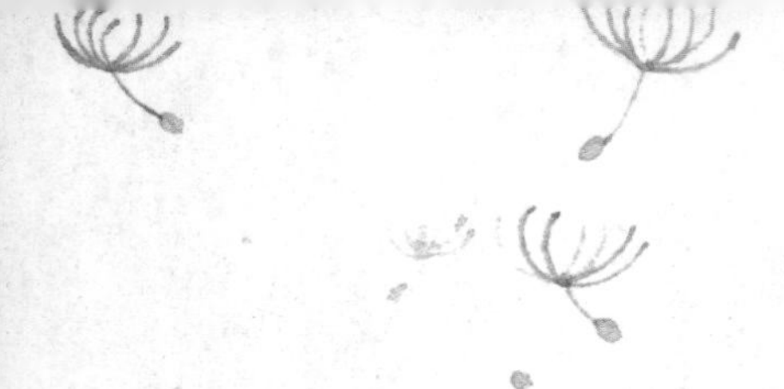

蒲公英——最轻灵的降落伞

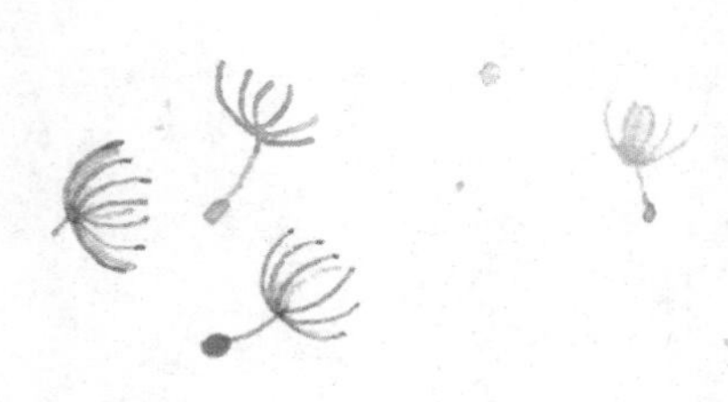

在人类出现以前，蒲公英就率先发明了随风儿扶摇直上的降落伞，它们是如何做到这一点的呢？无人知晓。

这种精巧、轻盈又安全的飞翔工具，迄今，依然是人类飞翔欲望的一根标杆，是人们正在模仿研制的典范。我们又大又笨的降落伞，什么时候也能变得如蒲公英一样轻灵呢？

蒲公英的种子上，生长着灵巧柔软的细长绒毛，如伞般张开的绒毛扩大了与空气接触的面积，增强了浮力。加上蒲公英种子量轻质微，如此装备的“种子”，是可以在空气中飘飞好长时间的。最终慢慢地降落在某个地方，在适生环境中生根发芽。

“花罢成絮，因风飞扬，落湿地即生。”——不得不佩服蒲公英妈妈的苦心造诣，在偶然的风里，在轻轻松松的游玩中，让蒲公英的身影轻舞飞扬到世界的角角落落。

拥有像蒲公英那样轻灵的降落伞，一直是人类的梦想。司马迁在《史记·五帝本纪》中记载：“使舜上涂廪，瞽叟从下纵火焚廪。舜乃以两笠自扞而下，得不死。”——用白话文翻译过来即是：有个叫舜的人，有次上到粮仓顶部，瞽叟从下面点起了大火。舜利用两个斗笠从上面跳下，没有被烧死。

这大概是人类情急之下拙劣模仿蒲公英最早的文字记录了。

18 世纪 30 年代，随着气球的问世，为了保障浮空人员的安全，在中国杂技场上广泛应用的降落伞，开始作为气球的备用保障品，进入航空领域。飞机问世后，为了飞行人员能在飞机失事时自救，降落伞又有了进一步的改进。1911 年出现了能够将伞衣、伞绳等折叠包装起来放置在机舱内，适于飞行人员使用的降落伞。这种降落伞于 1914 年开始装备给轰炸机的空勤人员。

自从有了降落伞，飞行员的安全感大大增强，不少飞行员的生命得以保全——从几千米的高空跳下，飞行员首先以时速 200 公里的速度呈自由落体式下坠；在拉开降落伞之后，下降速度就降至每秒 5 米，最后，以人能够接受的速度落地。

但无论人造降落伞取得了怎样的丰功伟绩，单是无法随风上升这点，就不好意思和蒲公英相提并论。

春天里，二年生的蒲公英植株，开始开花结籽。花瓣掉落后，蒲公英的花头在一两周内变成精巧的球形，灰白色的球形花托上，螺旋状有规律地林立着百余个头戴冠毛的瘦果，当瘦果由乳白色变成褐色时，就预示着小小的蒲公英种子可以御风远行了。每个如棉花糖般的头状花序上，种子数量在 150 粒左右。

蒲公英种子随风飞舞的距离究竟有多远？这不仅取决于经过身边的风力，更取决于绒毛的面积和种子质量之比，比值越大，绒毛越长，种子理所当然地飞得越远。有人观察后得出：天气晴朗的二级和风里，蒲公英的种子大概可以飞翔 1 千米。

这是多么让人羡慕和嫉妒的完美飞翔啊！

到目前为止，人类发明的无动力降落伞，只能够从高空缓缓落下。仅仅依靠风力，像蒲公英那样由低往高处飞翔，依然是一个无法企及的梦想。

蒲公英太多了，多到我对它熟视无睹。

路边、石缝、田野、陌上、高山、陡坡，随处都有蒲公英朴实的身影。

一天，当我静下心来，俯身于这个随时准备起飞的小小生命时，心突然明亮起来。望着它那片片绿叶里的兴高采烈，金黄色花瓣里的春和景明，以及白色冠毛结成的绒球状“降落伞”，感动之余无比羡慕：做一株蒲公英，是多么惬意啊！

小小的蒲公英种子，驾驶着无与伦比的降落伞，随风摇曳飘飞，风让它落在哪里，它就在哪里安家。不会去想风曾经多猛，雨曾经多大，脚下多么贫瘠！或许，脚下的环境，不足以开花和飞翔，但它们从不放弃生长，今年不行，还有明年呢，它们有的是耐心。

一抔土、几滴水，就可生根、发芽、长叶、开花、成熟，然后，静静地等待风的亲吻、风的助力，再一次起飞，去开拓新领域。天空有多远，蒲公英就能飞多远。

与大树比起来，蒲公英弱得可怜。但蒲公英绝对与“软弱”无缘，其惊人的扩展能力与求生力量，大到无法抵御—— 一株蒲公英能结近千粒种子，每个圆球形的降落伞里，就装载有100多粒。种子随风而飞，最远的可飞离母亲几百千米；种子可以忍受零下40摄氏度的严寒……开春，成千上万株蒲公英，又开始面朝太阳，心思单纯地展颜而笑。

不择环境、随遇而安、自由自在，蒲公英生命的过程，充满了快乐。

蒲公英的快乐，在于它懂得顺应自然，从不苛求。

生存，取决于条件；生活，来自内心。

人，如果能做到内心淡泊宁静、随遇而安，定会像蒲公英般活得潇洒、坦然。懂得知足，才会快乐！

火炬树的魔力

国庆出游，车行至福银高速乾陵段，路的两旁，不时闪出一树火红，在蓝天的幕布上，红得炫目奔放。这个季节，什么花开得如此招摇？从车窗望出去，只见一团团火焰向车后奔去。车子进入服务区时，专门停到一团“火焰”前。

哦，原来是火炬树。

一片叶子，是一叶燃烧的火苗，无数对称均匀、排成羽状的火苗，汇成耀眼的火焰，张扬得蛮不讲理。凝神之间，似乎听得见自己的心跳。

在北方，秋天变红的树叶有很多，但很少有这么红艳的。红枫在北方的秋天里红得有些深沉，还不如早春来得明艳。黄栌的红色里会夹杂着黄色与褐色。而火炬树的红色，是国旗的那种正红，很应季应景的色彩，有着强大的气场。

一棵树，是一团火；群植，是烂漫红霞，也是一曲昂扬的交响乐！

但这并非它得名的原因。9 月份成熟的果穗，上小下大，毛茸茸、红彤彤的，远观如一把把火炬。经久不落的小火炬，让冬日里看到它的一双双眼睛，惊艳之后倍感温暖。这才是它叫“火炬树”的缘由呢。

在我周围，火炬树是为数不多能让我欢喜让我忧的一种植物。喜的是它的长相、色彩与活力；忧的，也还是它的活力。

火炬树根的蘖生能力，大到让人担心。我担心不知道哪一天，一睁开眼睛，周围全是火炬树，而其他的千娇百媚，却都不见了踪影。

你如果亲眼见到过表层土下，它那盘根错节的根系，看见树干被砍后如雨后春笋般冒出地面的树苗，就会理解我的担忧。

与大多数拥有上百年甚至上千年寿命的树木相比，火炬树是典型的“短命树”，寿命大约是二十年。但它却能在有限的生命里，通过生生不息的根蘖，来实现无限生长的目的。

老家在北美的火炬树，天生具备强大的自我保护能力。它的分泌物以及树叶上密集的绒毛，令它“如虎添翼”，周围的植物，只有

受它排挤的分。火炬树来到中国后，没有了天敌，也没有昆虫敢来碰它，所以，除过冬季，火炬树其他时候都像服了兴奋剂一样雄心勃勃。

火炬树的生长速度到底有多快？有专家专门在北京调查了火炬树的生长状况后，公布了一组数据：头年种下一棵火炬树，第二年就能发展为10棵，5年后就会覆盖半径5米至8米的所有土地；把挖出的火炬树根扔在地里，依然能够萌发新苗；种植5年左右的火炬树，根系能够穿透坚硬的护坡石缝，柏油路在它的眼里，也不堪一击。

“我想要怒放的生命，就像飞翔在辽阔的天空，就像穿行在无边的旷野，拥有挣脱一切的力量……”歌曲《我想要怒放的生命》，唱的，就是火炬树吗？

国际上对入侵物种扩散速率的定义是：每3年扩散距离超过3米。专家说火炬树在北京实际的扩散速率已超过了这个值，达到每3年6.2～7.5米。

因此，专家给出的结论是：火炬树是危害潜力最大的入侵物种，种植火炬树就是引“火”烧身！

与其如此担忧，不如快刀斩乱麻。2013年10月，北京叫停了在市内种植火炬树。

但也有专家认为这样的定义，对火炬树不公平。

他们的理由也很充足：我国植物学家1959年从东欧引入火炬树后，它的“火焰”从北京逐渐燃烧至华北、华中、西北、东北和西南20多个省（区、市）。半个世纪以来，这些用于荒山绿化兼作盐碱荒地风景林的树种，尚未见有任何逃逸人工生态系统而失去控制的案例发生，也未见任何有关其入侵性的报道，因为本地物种经过漫长演化组成的植被环境，是很难被破坏的。火炬树对阳光的依赖性大，当周围有其他大树后，它会因缺少阳光而逐渐消亡。古运河风光带火炬树消失的原因就在于此。30年前，在华北林业试验中心栽种的火炬树，今日也已难觅踪影。火炬树在自然条件下，只靠根蘖繁殖。种子外面有一层保护膜，几乎不能直接萌发。人工播种前，要用碱水揉搓掉种皮外红色的绒毛和种皮上的蜡质，然后用85℃热水浸烫5分钟，捞出后混湿沙埋藏，置于20℃室内催芽……总之，这个过程很复杂，远远超出了火炬树种子自己“动手”的能力。

因此，这拨专家说，火炬树如果人为控制得当，并不会对生态造成危害；同时，火炬树顽强的生命力，正适合在本地植物不能生长的地方，做先锋绿化植物。只要不是人有意识地大面积栽植，火炬树不会大面积入侵；火炬树在我国还算不上入侵种，说是潜在入

侵种也有困难；它是值得推广的——不要拒绝，可以应用，用其所长，避其所短。

忽然想到了一句俗语：“南方人把扁担立在地上，三天没管它，扁担长成了树；北方人把小树种在高原上，三天没水浇，小树变成了扁担。”

“是树还是扁担”的问题，和火炬树是“女汉子”还是“女魔头”的问题一样，都取决于当地的环境条件和种植人的用心程度。

目前看来，我身边生长的火炬树，外形妩媚，性格强悍，依然是那个值得我喜欢的女汉子形象。“她”身上的毛病，目前还处于人工可控范围之内。

多希望火炬树永远如此！

当学荷叶会自洁

你凝望过雨中的荷叶吗？

无论多么猛烈的暴雨，落在荷叶身上，只会“大珠小珠落玉盘”；一旦“玉盘”稍稍倾斜，便不见了雨水的影子。用手摸一下荷叶，除过低凹的中心，叶子表面竟然是干燥的，仿佛倾盆大雨根本就不

曾降落在它的身上。

即使没有下雨，荷叶表面也永远纤尘不染。有人做过试验：在莲叶上滴几滴胶水，黏度很强的胶水，也没能黏在叶面上，而是滚落下去并且不留痕迹。能够拥有如此“出淤泥而不染”的高尚品质，只因为，荷叶能够“自洁”！

按说，绿色、有机的荷叶，在大自然中是很容易吸附水分或沾染上污渍的，为什么荷叶能傲立尘世，始终守身如玉？

是荷叶表面太光滑了？光得让灰尘“站不住脚跟”吗？

恰恰相反！荷叶自洁的原因，是因为它的表面是粗糙的——这，可能会颠覆我们日常对于洁净的认识。呵呵，大自然常常会矫正我们很多自以为是的狂妄和无知。

还是借助于超高分辨率的显微镜吧。在显微镜下，可以清晰地看到荷叶的表面上布满了许多微小的蜡质“乳突”，每个乳突的直径

是 8 ～ 10 微米（1 毫米 =1000 微米），高低略有不同，乳突间距为 10 ～ 12 微米。而每个乳突是由许许多多直径约为 200 纳米（1 微米 =1000 纳米）的细小突起组成的。纳米有多小？打个比方，如果一根头发的直径是 0.05 毫米的话，咔、咔、咔，把它纵向分割成 5 万根，每根的直径大约就是 1 个纳米，可见有多么细小。

前面对于蜡质乳突的说法似乎有点抽象，换个形象的说法就是：荷叶的表面上有一个个隆起的“小山包”，在每个“小山包”上，又布满了绒毛状的小小“碉堡”。虽说是“山包”和“碉堡”，但这种结构，人用肉眼甚至借助普通显微镜，是根本看不到的。

由于“小山包”间的凹陷部分充溢着空气，这样就在紧贴叶面的地方形成了一层极薄的、只有纳米级厚度的空气层。当外形尺寸相对超大的雨水（水滴最小直径为 1 ～ 2 毫米），降落在叶面上后，不仅与叶面隔着一层极薄的空气，而且只能同叶面上“碉堡”处的凸顶形成点接触——此情此景，是不是有点类似于水珠站在了密密麻麻的针尖上？

空气和为数众多的“碉堡”共同组建了荷叶表面的疏水层。在“碉堡”顶上“悬空而立”的雨点，由于自身表面张力的作用，形成了球形水珠，水珠在滚动的过程中会顺道儿吸附灰尘。因此，只要荷叶稍稍倾斜，水珠就会附带尘埃滚开。这，就是著名的“荷叶效应”——因为粗糙，所以干净——是不是颇具颠覆性？

自洁，不仅令荷叶美观，而且有利于防止大气中的有害细菌和真菌对植物的侵害。对荷花而言，这种结构还提高了叶面进行光合作用的效率。

荷叶的自洁效应，给了人类无限的启发和表率效应。基于此，科学家把透明、疏油、疏水的纳米材料运用到汽车烤漆、建筑物外墙或是玻璃上，不但随时可以保持物体表面的清洁，也减少了洗涤剂对环境的污染，安全又省力；把这种物质应用到织物上面，不仅显示出卓越的疏水、疏油性能（包括蔬菜汁、墨水、酱油等），减轻了洗衣负担，而且不会改变织物的纤维强度、透气性、皮肤亲和性等原有性能，甚至还增加了杀菌、防辐射、防霉等特殊效果……

写到这里，我不禁想，倘若将荷叶的这种自洁本领，能够植入每个人的心灵，世界，将会变得多么美好啊。

人类很早就从植物中看到了数学特征：花瓣对称排列在花托边缘，整个花朵几乎完美无缺地呈现出辐射对称形状；叶子沿着植物茎秆相互叠起；有些植物的种子是圆的，有些是刺状，有些则是轻巧的伞状……

所有这一切，向我们展示了许多美丽的数学模式。

著名数学家笛卡儿，根据他所研究的一簇花瓣和叶形曲线特征，列出了 $x^3+y^3-3axy=0$ 的方程式。这就是现代数学中有名的“笛卡儿叶线”（或者叫“叶形线”），数学家还为它取了一个诗意的名字——茉莉花瓣曲线。

后来，科学家又发现，植物的花瓣、萼片、果实的数目以及其他方面的特征，都非常吻合于一个奇特的数列——著名的斐波那契数列：1，2，3，5，8，13，21，34，55，89……

向日葵种子的排列方式，就是一种典型的数学模式。

仔细观察向日葵花盘，你会发现两组螺旋线，一组顺时针方向盘绕，另一组则逆时针方向盘绕，并且彼此镶嵌。虽然不同的向日

葵品种中，种子顺、逆时针方向和螺旋线的数量有所不同，但往往不会超出 34 和 55，55 和 89 或者 89 和 144 这三组数字。这每组数字，就是斐波那契数列中相邻的两个数。前一个数字是顺时针盘绕的线数，后一个数字是逆时针盘绕的线数。

雏菊的花盘也有类似的数学模式，只不过数字略小一些；菠萝果实上的菱形鳞片，一行行排列起来，8 行向左倾斜，13 行向右倾斜；挪威云杉的球果在一个方向上有 3 行鳞片，在另一个方向上有 5 行鳞片；常见的落叶松是一种针叶树，其松果上的鳞片在两个方向上各排成 5 行和 8 行，美国松的松果鳞片则在两个方向上各排成 3 行和 5 行……

如果是遗传决定了花朵的花瓣数和松果的鳞片数，那么为什么斐波那契数列会与此如此巧合？

这也是植物在大自然中长期适应和进化的结果。因为植物所显示的数学特征是植物生长在动态过程中必然会产生的结果，它受到数学规律的严格约束。换句话说，植物离不开斐波那契数列，就像盐的晶体必然具有立方体的形状一样。

由于该数列中的数值越靠后越大，因此两个相邻的数字之商将越来越接近 0.618034 这个值。例如 34/55=0.6182，已经与之接近，这个比值的准确极限是“黄金数”。

数学中，还有一个称为黄金角的数值是 137.5°。这是圆的黄金分割的张角，更精确的值应该是 137.50776°。与黄金数一样，黄金角同样受到植物的青睐。

车前草是西安地区常见的一种小草，它那轮生的叶片间的夹角正好是 137.5°。按照这一角度排列的叶片，能很好地镶嵌而又互不重叠，这是植物采光面积最大的排列方式，每片叶子都可以最大限度地获得阳光，从而有效地提高植物光合作用的效率。

建筑师们参照车前草叶片排列的数学模型，设计出了新颖的螺旋式高楼，最佳的采光效果使得高楼的每个房间都很明亮。

1979 年，英国科学家沃格尔用大小相同的许多圆点代表向日葵花盘中的种子，根据斐波那契数列的规则，尽可能紧密地将这些圆点挤压在一起。他用计算机模拟向日葵的结果显示，若发散角小于 137.5°，那么花盘上就会出现间隙，且只能看到一组螺旋线；若发散角大于 137.5°，花盘上也会出现间隙，而此时又会看到另一组螺旋线。只有当发散角等于黄金角时，花盘上才呈现彼此紧密镶合的两组螺旋线。

所以，向日葵等植物在生长过程中，只有选择这种数学模式，花盘上种子的分布才最为有效，花盘也变得最坚固壮实，产生后代的概率也最高。

秋日“栾”歌

当时光的脚步从炎夏步入秋天的时候，一些树明显按捺不住内心的悸动。

雁翔路上，两排高高大大的栾树，不知何时偷偷裁切下阳光，给绿树冠织出了金灿灿的衣裳，映得街景和树下的行人都亮闪闪的。

鸟雀在黄灿灿的小花间穿梭，呢喃：莫不是大树要送给我们黄冠？叽叽喳喳，嘻嘻哈哈，当它们在芬芳的枝叶间展翅跳跃时，真有金色的小“冠”落在鸟雀的翅膀上，额头上。

这小黄花很有个性。金黄的四枚花瓣，集中长成了半圈。没错，是半圈，像黄冠。第一次从地上捡起栾树花朵时，我以为捡到了半朵花。

栾树的花瓣不像油菜花那样两两对称，平分空间；花瓣也不老实，没有斜向上伸展，而是像瀑布那样垂下，花蕊从另半圈袅袅娜娜伸出来，和下弯的花瓣，构成了一个俊俏的“S”。花瓣反转处，形成了皱褶似的鳞片。这鳞片可是花朵上的神来之笔，是蜜蜂前来觅食的灯塔。花朵成熟时，鳞片由黄变红，红得恰到好处，像王冠上镶嵌的一圈红宝石，色俏，夺目。

秋天的傍晚，我喜欢在这条路上散步，看栾树在沉寂了春夏两个季节后，突然爆发出的魅力。一阵风儿摇醒了小花的梦，轻轻一旋，便飘洒起细碎的黄花雨，像唐诗，像宋词，像它诗意的英文名字“golden rain tree”（金雨树），一滴一朵，一朵一咏。

相比之下，“栾树”一名就显得晦涩难懂。我曾经在古籍里找寻答案，到现在依然云里雾里。倒是看到了栾树曾经的地位。

栾，最早现身《山海经》：“有云雨之山，有木名曰栾。”紧接着却解释说此栾：“黄本，赤枝，青叶。”单是前两项，此栾就非栾树。

我比较赞同《说文解字》里的说法:“栾木，似欄。欄者，今之楝字。”记忆中，楝树的奇数羽状复叶和眼前栾树叶子的长相相似，科属方面也算得上是近亲。后来，在《救荒本草》中看到过类似的说法,只不过这本教人在荒年里如何讨食的文字,还附加了叶子的味道:“叶似楝叶而宽大……叶味淡甜。”读罢,对栾树又亲近了几许,心想,叶味果真淡甜吗？哪天摘一枚新叶尝尝。

春秋《含文嘉》一文提到栾树时，像是给树木论资排辈:“天子坟高三仞，树以松；诸侯半之，树以柏；大夫八尺，树以栾；士四尺，树以槐；庶人无坟，树以杨柳。”在一个等级森严的时代，树木也要分出个三教九流。墓中是皇帝还是庶民，看看坟头栽种的树木就知晓了。士大夫的坟头多栽栾树，可见栾树那时待遇不低，属树木里的官僚阶层，普通百姓故去后是无权消受其庇护的。

如今好了，城市里的树木早已回归植物本身。它们被邀请现身街道的树池里，现身广场和绿化带，现身花园小区，是城市的肺，吸尘、吐氧、降噪、增香，和城市里的所有人一起呼吸。树木不用贴上高贵与低贱的标签，不必论资排辈，也不必讨好人类。如果非要分出个高下，怕只有个人的喜好了。

我爱草木，在我认知的坐标里，秋天的树木中数栾树最美。十多年前，当栾树初次在这座城市里飞黄飘红时，我的惊喜无以言表:世间竟有如此韵致的植物！那是中秋前后，西安西大街隔离带上，大片大片波澜壮阔的红果，让身旁电线杆上的大红灯笼黯然失色。金黄、翠绿与嫣红相映，山峦起伏般一片连着一片，向着远处的西城墙逶迤而去，如盛装的明星，惹眼、霸气。一阵风过，簌簌簌飘起黄花雨，飘起丝丝缕缕的香气。金黄嫣红的花瓣雨，飘落在大树脚下行进的车辆上，飘落在行人的发梢衣裙上，飘落在青石地砖上。

弯腰捡起一朵，依然鲜活明艳。瞬间，我便恋上了栾树。

回到家翻阅资料后，忍不住给晚报撰文，呼吁城市街头多多栽种栾树。本是我国乡土树种的栾树，有颜值，有内涵，抗污染，几无病虫害，既适宜站立南方，亦可昂首北方……

当栾树的小红灯笼亮起来的时候,黄花还在,绿叶依然。一棵树，三种颜色，叶翠、花黄、果红，色彩过渡得法，如一帧帧油画。单看一株栾树，花儿络绎不绝，早开的花已掉落，甚至圆鼓鼓的果子都涨红了脸，新花依然冒出来，你方唱罢我登场，挤挤挨挨，热热闹闹。

雁翔路上，栾树用树冠绘制的油画，能炫美两个多月。

和大多数植物对花期的理解不同，栾树的时间观念和集体观念，真让人束手无策——它们从不步调一致地开花和结果。即便是同一条街巷里的栾树，花期相差一两个月也稀松平常。瞧，东家的果实已招摇过市，西家的小黄花才羞涩地探出头来。

当大多数植物挤在春夏喧腾着开花送香时，栾树不动声色，它要把所有积攒的气力，施展在秋季。经过两个季节的沉寂和孕育，栾树在秋天，终于把自己站成了最美的模样。像天赋异禀之人，平日里无用武之地，就静心做平头百姓；一旦有了时势，会突然间成为英雄。之前，它普普通通，是因为还没有到它的花季。

一个“秋”字，拆分为二,一半是绿莹莹的“禾”，另一半是红艳艳的“火”，活脱脱就是绿中摇红的栾树。这半树的“红火”，自是栾树上很快冒出来的蒴果，它们，红灯笼般精致、美艳，甚至有趣。

近距离端详红灯笼，栾树聪慧的小小心思，就充盈在圆乎乎的果囊里。三瓣半透明的果皮，围拢成三棱形的囊泡；有的前端还开着小口，像个鼓满风的小房子。每次走到栾树的泡泡果前，我都忍不住想用手去捏一捏，用嘴巴对着小口吹一吹。栾树将蒴果长得如此可爱，大概是想让房间里的种子自带气球吧。或者，是想让果实在成熟开裂后，干燥的果瓣变身滑翔翼，携种子飞得更远。

想起清朝诗人黄肇敏的诗:“枝头色艳嫩于霞，树不知名愧亦加。攀折谛观疑断释，始知非叶亦非花。”是的，栾树的蒴果被秋风染红，恰如红云当头。只一种树，便囊括了秋色。

如我所愿，后来，这座城市里的栾树逐渐多了起来，这里一排，那里一片，秋天上街，不经意间就和温暖喜气的栾树撞个满怀。蓝天白云、高楼大厦映衬下的栾树，美得不可方物，不由得心头欢喜，步子轻快。多姿多彩的身影,柔化了楼房和马路的坚硬,润泽我的眼，滋养我的肺，牵引我的双脚，一步步走近它们。

看到栾树，哪里会生出“自古逢秋悲寂寥”的感慨？栾树身上分明写着——“我言秋日胜春朝”。

菩提树的滴水叶尖

2015 年春末，一株菩提树辞别故土，接受了特殊的仪式后，和印度总理莫迪一道，飞越千山万水，抵达古丝绸之路的起点西安。

大雁塔脚下，唐代高僧玄奘曾经藏经、习经的大慈恩寺里，莫迪双手捧着它，当着我国国家领导人的面，郑重赠予大慈恩寺。捧在莫迪手中的菩提树，包裹在金灿灿的花钵里，花土上，覆盖着一层玫瑰花。

几天后，这株菩提树站在和我相邻房间的实验台上，静静地接受副研究员王庆的悉心照料：换盆、浇水、施肥，有时候，会安排它住进模拟的原生境中……像照料一个婴儿。

菩提树热带雨林的身世，注定了它无法适应地处北温带西安冬季的严寒，何况它还那么小。于是，在两国国家领导人会晤和赠送仪式后，这株菩提树被“寄养”在和大慈恩寺相距 5 分钟车程的陕西省西安植物园，由植物专家呵护它成长。

在西安植物园老区的老温室里，也生长着一株高高大大的菩提树。身高已超过 10 米，庄重、伟岸、风度翩翩。光滑的树干，褐中透出紫红，最粗处，需一人合抱。枝条旁逸斜出，翠绿的心形叶，错落有致地笼满树冠，有种只可意会的神秘和肃穆。有游客在树干和枝条上绑了花花绿绿的纸币，为自己和家人祈福。

“菩提本无树，明镜亦非台。本来无一物，何处惹尘埃。”每次站在这株菩提树前，纯净的绿色，便顺着禅宗六祖慧能的诗句，缓缓注入我的眼里。心，也渐渐明澈起来。

仔细端详菩提树，每片绿叶，都拥有数厘米长、状如小尾巴的“滴水叶尖”，这种长相，的确有别于本地植物。

滴水叶尖是身处热带雨林中的植物，为适应高温高湿气候，演化出来的一个迷人的标志。

热带地区冷热气流对流显著，几乎每天午后，都会有因强对流形成的对流雨。日日光顾的雨水以及空气中无处不在的水汽，常常在叶子表面结成一层水膜。水膜的存在，对植物来讲，是一场灾难，

不单妨碍植物进行正常的光合作用，还容易滋生细菌。所以，身处此地的植物，都必须动脑筋想办法，尽快排掉叶子上的积水。

菩提树显然做得非常出色。它设计的滴水叶尖，是一个充满艺术色彩的导流系统——叶子表面上的水膜会快速聚集成水滴，沿长长的叶尖顺利流掉，叶子表面，很快变得干爽起来。

菩提树设计的这个滴水叶尖，不仅拯救了自己，还让古代建筑师的脑洞大开。人类的屋檐上，从此出现了集装饰与导流功能于一体的瓦当……

当年,释迦牟尼在菩提树下的悟道,让一株树拥有了博大的精神。也正是这种精神才构成植物世界无边无际的美。

在印度，菩提树是受国民尊崇的圣树，是最显赫的国家元素。尤其是位于迦耶的那株圣菩提树的子孙，是历代总理国事出访时携带的最高国礼。韩国、泰国、尼泊尔、斯里兰卡、越南和不丹等国家的土地上，都有迦耶圣菩提树婆娑的身影。

据说，在菩提迦耶的黑市上，一片自然掉落的圣菩提树树叶，标价 10 美元；一条能够扦插存活的树枝，价值高得离谱。巨大的利益诱惑，让一些不法之徒铤而走险。这让圣菩提树防不胜防、头疼不已。

从印度来到西安的那株菩提树，绝无这方面的担忧。它的身高现已超过了两米，树冠葱茏、雅致，心形叶在阳光下，泛出安恬的光芒。

梨树的版图

我属于易上火体质，家里常备有梨，也喜欢尝试不同的口味。托网络之福，安徽的酥梨、河北的雪花梨、辽宁的秋子梨、山西的黄梨、洛阳的孟津梨、甘肃的冬果梨、四川的雪梨、新疆的库尔勒梨，甚至是欧美国家的西洋梨，等等，都曾经甜蜜过我的味蕾。

人类对于甘甜的渴望，让源于我国西南部、个小、酸涩的东方梨，一步步变成我们想要的口感和模样，并且形成了较大差异的栽培种群。梨树因此成为我国继苹果、柑橘之后的第三大栽培果树。

植物学上，梨树是典型的自交不亲和物种，也就是说，在梨树的花朵里，雄蕊上的花粉，落在自身柱头上时，花粉不能正常萌发或穿过柱头，无法完成受精作用，因而不能正常结实。不仅如此，梨树的同一品系内异株花粉间，也不能受精结实。这些特点使得梨的杂合度非常高，品种资源间存在着广泛的基因交流和遗传重组。所以，梨的遗传背景以及“族谱”，是很难厘清的。

但这一点儿也不妨碍我们喜欢吃梨。作为老百姓，我吃的次数最多的梨是河北赵县的雪花梨。在我眼里，这种梨和当地的赵州桥

一样，是一个很有名望、让人受益的存在，不仅价格亲民，而且市场存储量大，想吃抬脚就能如愿。据说从秦汉时期开始。雪花梨就被选作贡品进贡朝廷，乾隆皇帝称它“大如拳，甜如蜜，脆如菱”。一口咬开金黄色有点儿点小雀斑的果皮，即刻露出似雪如霜的果肉，脆嫩，香甜、汁水四溢。咀嚼时有一种轻微的颗粒感，这是梨区别于苹果、香蕉、柑橘等水果特有的口感，是它体内的石细胞团在提醒你，可别吃到果核哦。

石细胞团是梨果里质地像沙子一样粗糙的厚壁细胞组织，颜色也比其他部分深一些。这种细胞团的作用，一来保护种子，二来起到机械的支撑作用。石细胞团的直径若超过 250 纳米，就会影响到梨的口感。

大家喜欢吃梨，汁多甘甜只是其中的一个原因。另一个原因，

是梨拥有滋补止咳的功效。将“梨”字分开，即是“利木”，梨树被叫作“利树”，还有个正能量的传说。

相传很久以前，赵县大部分老百姓患有咳嗽，咳得地动山摇，用尽各种办法都不奏效，多人相继故去。王母娘娘受玉皇大帝之托，带着一棵树苗，变身一位老妇人来到此地，把树栽好，告诉大家吃这棵树上结的果子，就能治好咳嗽。人们依言而行，咳嗽果然痊愈。后来大家纷纷从这棵树上剪枝扦插，结出的果子对咳嗽都有疗效。从此，这片土地上的人们再也不受咳嗽折磨了。大伙觉得这树对百姓有利，就叫它“利树”。再后来，仓颉造字时，看它是果木，便在“利”字下加了一个“木”字,“梨树”一名从此叫开,树上结的果子，自然叫作“梨”。

我国最早记载梨的古籍是《诗经》:“山有苞棣，隰有树檖。”翻

译一下就是：高高的山上有茂密的唐棣，洼地里生长着如云的梨树……《诗经》的成书年代在春秋中期，所以，春秋时期被认为是我国梨树栽培的最早时期。

可能是因为梨树在当时少见吧，汉代东方朔在作品《神异经》中，对梨树崇拜有加：东方有树，高百丈，叶长一丈，广六尺，名曰梨。

东汉末年，梨因为一个人、一个美德故事而有了别样的存在感。这个人是孔融，这个故事，大家都耳熟能详——孔融让梨："孔融年四岁，与诸兄食梨，辄取其小者，人问其故，答曰：小儿法当取小者。"从此，每每看到或吃到梨，许多父母便趁机教导子女要谦恭让。

北魏的贾思勰在《齐民要术·插梨篇》中写道："种者，梨熟时，全埋之。经年，至春，地释，分栽之……"这该是农学家第一次写梨树的栽培方法。另一方面也表明，这个时期的梨树种植，已经很普遍了。

梨树，因了梨园，笼上了一层风雅的光环。鸭梨，其实是古代"雅梨"的通假称呼。

公元705—710年唐中宗时，梨园只不过是皇家林苑中与桃园、桑园和枣园并存的一个果木园。果园中设有离宫别殿、酒亭球场，供皇亲国戚宴饮娱乐。后来，经风流天子唐玄宗李隆基的极力倡导，梨园由果木园逐渐演变成为唐代一座教习歌舞戏曲的"艺术学院"。这是世界上第一所国立歌舞戏曲学院，由于排练歌舞是在一株株梨树间，所以取名为"梨园"，李隆基出任"梨园"院长。李院长不仅为梨园创作了大量的节目，而且发动诗人贺知章、李白等为梨园编撰节目，梨园因此在历史上产生了深远影响。直到现在，我们说戏曲时，仍然不时听到梨园这个名字，戏曲艺人则称自己为"梨园弟子”。

明代医学家李时珍对梨的评价也很高，他在《本草纲目》中说：梨，快果、果宗、玉乳、蜜父。甘、微酸、寒、无毒……

小时候，我的邻居家有棵梨树，那棵树长在靠近我家和他家隔墙的地方。

当树干高过院墙时，树冠的三分之一，已经伸到我家的地盘上了。那时，我们两家人关系很好，我家的苹果熟了，会分一半给邻居；邻居也很慷慨，说梨熟透了尽管摘吧。

于是，童年的好多快乐里，都有甜梨的味道。

春天里，白玉般的花瓣飞上枝头，大有“占断天下白，压尽人间花”的气势。每个花朵都有 5 个花瓣，花心里有 20 根雄蕊。初时嫣红，低头弯腰在四五根花柱的周围；待花粉成熟后，即脱去红衣，昂首挺胸，换上艳丽的黄粉衣裳。蜜蜂飞旋期间，嘤嘤嗡嗡地忙着采蜜，黄色的花粉撒落在蜜蜂毛茸茸的头上、背上。偶有雨露润泽，朵朵梨花便楚楚动人。这个时候，“芳春照流雪，深夕映繁星”的梨花，最容易引人遐想。但每年的那个时候，我想的不是梨花入月、月光化水之类的风雅，而是，今年又可以吃到多少甜梨了。

当白色的花瓣雨慢慢飘尽，就有指尖大小青色的果实开始在绿叶间摇头晃脑了。于是每天放学后，我都要仰起头，清点一下属于自己领空上的青色脑袋。随着梨子的变大，缀满果实的枝条会越来越低，低到我不费吹灰之力，就可以触摸得到。当我可以轻易地用鼻子贴近梨嗅到梨香的时候，梨的外衣也开始绿中泛黄了，时令已经进入到秋天。当梨全然变成金黄色，那是它在微笑着向我招手：可以开吃啦……

慢慢地，我发现了一个规律，如果梨树这一年结的果子特别多，

下一年结果就会很少，还有几乎不结果的年份呢。可以想见，在不结果的那一年，我的惆怅有多长。

爸爸这个时候会安慰我说，今年是梨树的小年，等今年梨树好好地养精蓄锐，明年就可以给你结更多的梨啦。爸爸把梨树一年结果多，一年结果少甚至不结果的现象，叫作梨树的大、小年。

“为什么梨树会有大小年？”

“因为梨树也要休息啊。”

哼！梨树可真会享受——每每这时，我嘴上虽然不会说出来，心里却是这么想的……

等到我终于了解了植物，我才领悟到爸爸的话语是多么正确；梨树的价值观，真的好有哲理。比起它身旁年年结果的核桃树，梨树生活得似乎更从容一些。

梨树，在挂果这件事上，的确遵循着孔子的名言：“一张一弛，文武之道也。”

善于做体内“调动”工作的梨树，会井井有条地安排自己的生活。大年里，梨树调集体内各成员的营养物质，齐刷刷地运往果实。树体的其他成员、特别是枝条的顶芽们，因为养分的减少，无力形成花芽而选择了休息。

没有花当然不会有果了，所以，大年之后肯定是小年；而小年里的花果少，枝条顶芽内营养物质积累得多，花芽分化的底气十足，很自然的，就有了翌年千“颗”万“颗”压枝低的甜梨盛景。

第四辑　动植物共生共荣

包心菜雇杀手除敌

在绿色蔬菜的大军中，包心菜的形象显得极为有趣：叶片包裹成圆圆的球体，一副与世无争的样子。

但是，这个世界不是你不犯人、别人就不犯你的。

春天里，翩翩然双宿双飞的白蝴蝶，就专门在田野里寻找十字花科的植物，尤其喜欢包心菜——这个将来圆头圆脑的家伙，是它们中意的“洞房”。春天里的花朵为白蝴蝶营造出“洞房花烛夜”的浪漫，脆脆嫩嫩的包心菜叶，将充当蝴蝶子女们的粮仓，一举两得。

在这个过程中，对包心菜来说，白蝴蝶是彻头彻尾的祸害吗？也不是。喜欢在包心菜花间嬉戏的白蝴蝶，无意间充当了包心菜的红娘。这对包心菜来说，是非常重要的，所以包心菜会以牺牲菜叶的方式，邀请白蝴蝶。但包心菜又特别反感白蝴蝶子女的贪得无厌，紧接着会采取一系列“手段”对付这帮饕餮之徒——整个过程有趣又复杂，慢慢看吧。

起初，在遍地绿色中，白蝴蝶是怎样找到包心菜的？原来，包心菜等十字花科植物，都含有一种叫芥子油的化学物质。这芥子油独特的气味，在昆虫看来，是最醒目的广告，白蝴蝶闻到后会按“味”索骥。有人做过这样的试验，把包心菜的叶子捣碎，把得到的汁液涂在一张纸上，然后把这张纸摊在菜园里的地上。不久，就会有白蝴蝶飞来，在纸的上空徘徊，最后竟落在纸面上产卵。

可见，包心菜和白蝴蝶都是很有经验的化学家，都比我强多了。我和植物打交道20年，要我在一大片绿色植物中顺利找到包心菜，我得先做好功课，要将包心菜的植物分类学特征熟记于心——叶子和花朵是什么颜色？长什么样？现在，我似乎不用去死记硬背了，春天的白蝴蝶会领我找到它们。

当我们有包心菜吃的时候，也是白蝴蝶最亢奋、最忙碌的日子，它们在交尾后会把淡橘色的卵整整齐齐地码在菜叶上，不厌其烦。有时候码放在叶子的阳面，有时候码放在叶子的背面，多的时候一颗包心菜上会有一百多粒虫卵。菜农们厌恶地称白蝴蝶为“菜粉蝶”。

大约一个星期后，卵就变成了菜青虫。这些蠢蠢蠕动的家伙，出来后的第一件事，就是先把卵壳吃掉。接下来，该包心菜遭殃了。

通体绿色、左右扭动的菜青虫胃口真好，只一会儿工夫，它曾经的栖息地包心菜叶上，就出现了无数大大小小的洞洞。好家伙，照这样的速度吃下去，我们今天肯定见不到包心菜了。任谁看到这些洞洞，都会替包心菜鸣不平。

难道包心菜面对侵略者一点办法都没有？就这样听之任之？

如果真这样想的话，那可低估了包心菜的智商。今天，我们的餐桌上依然有包心菜绿莹莹、嫩生生的身影，全仰仗包心菜的智慧。这绝不是人类使用杀虫剂的功劳！

包心菜对人喷洒杀虫剂的做法，是极为反感的——杀虫剂虽然杀死了它的敌人菜青虫，但也杀死了朋友寄生蜂，扰乱了包心菜、白蝴蝶和寄生蜂千百年来建立起来的生态平衡。

并且，人类只是站在自己的立场上，并没有考虑到包心菜的能力和感受。

包心菜是完全有能力对付白蝴蝶的，因为，它会雇佣蜂类杀手来保护自己！

这听起来像是童话故事，然而却是被科学家证实了的事实。

包心菜一旦感觉到有菜青虫在啃噬叶片时，会散发出一系列的化学呼救信号。这信号，会吆喝来两种寄生蜂——甘蓝夜蛾赤眼蜂和粉蝶盘绒茧蜂。应邀而来的寄生蜂，“刀枪剑戟”并用，一起对付寄宿在包心菜上的菜青虫。包心菜交给杀手蜂的报酬，正是那些已经孵化出来，正准备大快朵颐的绿色蠕动者。寄生蜂会将自己的卵产在这些虫的体里，菜青虫的身体从此又成为寄生蜂后代的粮仓。

当初，白蝴蝶肯定想不到，包心菜会以这种方式，以其人之道还治其人之身。它们，低估了包心菜的能力！

很了不起吧？植物花费心思制造出来的气味，不单能吸引昆虫前来帮它们传粉，也会吸引来一些饕餮之徒；当然，也可以唤来自己忠诚的卫士。

因为有白蝴蝶的传粉，包心菜才能顺利传宗接代；因为有寄生蜂，菜青虫不可能把所有的包心菜吃完；而菜青虫的啃噬，又限制了包心菜的过度繁殖……

千百年来，包心菜、白蝴蝶和寄生蜂，就这样各自作为生态链的一分子，敌敌我我、协同进化。

人类，也是生态链条中的一员，不要自视高级、自作聪明地颐指气使或蚕食其他物种。

这，该是白蝴蝶的遭遇为人类敲响的警钟。

虫虫与草之间的传奇

大凡植物，无论何等模样与性情，只因了名字中有个“兰”字，便顿觉雅了几分。玉兰、蕙兰、君子兰……朱唇轻启，“兰”音滑出时，仿佛携带着一缕芬芳，在舌尖上缠绕。

但初次看到丝兰的人，一定不会把它的名字和实物等同起来。

丝兰的模样很像剑麻，有莲座样的叶丛，每片叶子锋利如剑，威风八面地拒绝着想要接近它的食草动物。这点，也很像它的同科同属姐妹凤尾兰。

细看，丝兰的叶缘牵绊着好多细长的白丝，它的名字或许因此而来。这点，很容易让人把丝兰和剑麻以及凤尾兰区分开来。

开花后的丝兰，会突然间变得柔美起来。一串串风铃般的蜡质白花，高高悬挂在直立的圆锥花序上，远观，如犹太教的烛台。

那些白色的花儿，似乎一阵风过，就有音乐叮当作响。

关于丝兰，令我瞠目的，不是这柔花与剑叶间的突兀，而是它和一种虫虫建立起来的互惠共生关系。这关系如同寓言故事般神奇。

和丝兰一对一相互依存的昆虫，叫丝兰蛾。

一般说来，昆虫为植物“做媒”，大概有两种方式：一种如蜜蜂、蝴蝶，飞旋于各种花朵间，属于大众“媒人”。还有一种专职“媒人”，一生只为一种花传粉，并依靠该植物繁衍后代。它们之间互惠互利，失去其中一方，或许将导致两个物种的灭绝！

自然界中，这种一对一的共生关系非常稀少，已知的大概只有三四对。

丝兰和丝兰蛾，就是其中的一对。

丝兰蛾是一种个头小巧的蛾类，是丝兰专一的传粉“媒人”。而且，只能生活在丝兰的怀抱里。

丝兰的花是傍晚时开放的，花朵绽开的过程中会释放出香味。这花香，是丝兰向脚下土壤里的丝兰蛾发出的“请帖”。

丝兰蛾接到请帖后，会从蚕茧中爬出来飞离地面，然后将丝兰花朵作为爱巢，在充满花香的爱巢里，完成雌雄丝兰蛾的婚配。之后，雌性丝兰蛾开始飞悬在丝兰的雄蕊上，用它那细长且能弯曲的吻管，收集花粉。然后很细致地用前足把花粉搓结成一个大块。丝兰的花粉非常黏，很容易成形。丝兰蛾有时收集的花粉个头，能达到它头部的 3 倍之大。

收集好花粉后，这只丝兰蛾便背负着这团重物，飞抵另一朵花。雌蛾还长着一个长长的放卵器，它能利用这伸缩自如的放卵器，刺穿丝兰的子房壁，将身体里的卵，安放在丝兰的子房中。从此，丝兰将开始行使自己的另一个职责：代育妈妈。

丝兰是自交不亲和的，也就是说自己的花粉不能直接传递给自己的柱头。这和人类刻意避免近亲结婚一样，可以少一些不良后代。因此，丝兰高质量的传宗接代重任，必须仰仗丝兰蛾的鼎力合作。

丝兰花有 6 枚花瓣，位于花中间的雌蕊，是由 3 根三角棒状的

结构组成的复合雌蕊，外围有 6 个分离的扁平状雄蕊。复合雌蕊是中空的，合围成一个假的柱头管，真柱头在管子的底部。因此，花粉只有传递到花柱的底部，丝兰才能受粉。

雌丝兰蛾在丝兰花的子房里安顿好后代“卵子”后，开始为丝兰工作。它会爬上复合雌蕊的顶部，用前足和吻管将搬运过来的花粉球，竭尽全力压入管子的深处，好让花粉球够得到丝兰的柱头。细心又勤恳的丝兰蛾妈妈，为了确保丝兰受精，会将“采集花粉——放卵——压入花粉”这项工作来来回回重复多次，不遗余力。

世间的好妈妈大概都具备这样的品德：吃苦耐劳且精益求精！

如此这般劳碌后，这朵丝兰子房中的 3 室，都有了丝兰蛾产过的卵；3 个柱头，也都经由丝兰蛾压入了花粉而受精，随后结出种子。

作为报酬，丝兰会贡献出自己的一部分种子，养活位于子房里的丝兰蛾幼虫。

假如丝兰没有种子，在自然条件下便无法繁衍；如果没有丝兰花子房的庇护和提供食物，丝兰蛾的幼虫也无法长大，更不能繁殖后代。总之，这一草一虫，千百年来就这样相伴相生、唇亡齿寒。

奇妙的是，丝兰蛾似乎知道每朵花里是否有其他姊妹光顾过，也懂得在每朵花上产下多少卵最适宜，更知道适度利用和过度开发的利和弊。它会让后代刚好吃掉大约百分之十五的种子，这样剩余的大部分种子，用以确保丝兰完成传宗接代。

当丝兰的种子快要成熟时，丝兰蛾的幼虫也长大成虫了。它们便咬穿果壁，吐丝下降到地面，然后在土中结茧越冬。那些没被吃完的丝兰种子掉落到地上，来年就会长出一株株新丝兰。等到下年度丝兰开花时，新一代的丝兰蛾也破茧而出，再次为生育和传粉而忙碌——如此这般年复一年，往复循环……

我一直很好奇，丝兰蛾是怎样知晓丝兰的雌蕊构造的？难道造物主造物时，就将丝兰的生理结构信息植入了丝兰蛾的头脑，否则，每年破茧而出的丝兰蛾，怎么不用培训，就能够与丝兰如此心有灵犀？然而至今为止，我无法知晓答案。

在西安植物园的单子叶植物区，有一片用棕榈、丝兰和凤尾兰营造的热带风情区，首次踏入景区的人，都以为走入了南方。这片景区，也是我的最爱。

记得我的一个同事告诉我，他曾经为园子里的丝兰进行过人工授粉，但从来没有看到过丝兰结种子。现在我知道了，他在操作时，只是依据自己的经验，将收集到的丝兰花粉，涂抹到了花中心的复合雌蕊上——也就是假柱头管上，并没有像丝兰蛾那样，懂得将花粉压入空心的复合柱头管，直达底部真正的柱头上。人，大多数时候并不比其他物种聪明哦。

的确，我从来没有见到过我们园子里的丝兰结种子，它们几乎每年都“花而不实”。但似乎从来也没有人停下来，想一想这是为什么。

这些乔迁西安的丝兰，用三个季节的沉默，换来的短暂花香和展颜，自然唤不回原生地生死相随的丝兰蛾。唉！只能说它们“生不逢地”。丝兰的故乡在北美洲，只有在那里，才有它生生世世的伙伴：丝兰蛾。

单子叶区的这片丝兰，当初，是靠无性繁殖（分苗）的方式来此定居的。

大多数植物，因为同时具备有性和无性两套繁殖方式而雄心勃勃、生命力旺盛。借助于人类，丝兰可以撇开丝兰蛾，飞越太平洋，来到一个个陌生地，来到我们身旁。但是，丝兰蛾不同，离开丝兰，丝兰蛾将无法生存……

待我了解了这一虫一草间的传奇，每每经过那片开花的丝兰小区时，我都会放慢脚步，听丝兰铃铛般的花朵，摇曳出忧伤的旋律。

这些扎根于异乡的丝兰，还会想起老家的丝兰蛾吗？每年，这一嘟噜一嘟噜“花而不实”的白色花朵，该是丝兰的声声叹息吧。北美洲的丝兰蛾，能听得到这些“游子”丝兰的孤寂与落寞吗？

金合欢树的爱与哀愁

热带的阳光下，背衬蓝天绿草的金合欢，风姿绰约、亭亭玉立。修长的枝条，托着两排对称的羽状小叶，密密的似乎能改变风的颜色。

作为风景画里的主角，金合欢树常置身于广袤而野性的非洲大草原上，身边有数不清的野生动物，长颈鹿、大象、羚羊、斑马……

能够在食草动物林立的大草原上立足，金合欢可是没少做功课。

长出锐刺，是大多数植物能想到的对付食草动物的首要策略。金合欢让自己的刺足足有五六厘米长，而且是 360 度全方位、多角度、多层次生长，的确是用心良苦啊。这些与它那飘逸外表不相称、张牙舞爪的巨刺，也着实吓跑了部分食草动物。可用它对付狡猾的长颈鹿，就有点心有余而力不足了。

长颈鹿是真正难以对付的主，它会用既细又长的舌头，灵巧地把金合欢的叶子卷住，再从锐刺中抽离出来。更可气的是，长颈鹿的舌头上有一层厚厚的皮质，锐刺也奈何不得。

还是想想其他辙吧，金合欢想到了化学武器并投入使用。

一旦金合欢感觉到长颈鹿在啃噬自己的叶片时，立马向叶子里分泌一种毒素。当毒素传递到叶片时，正在用餐的长颈鹿会产生强烈的恶心感，于是不得不停下来。一般来说，从金合欢开始警觉到毒素遍布叶片，大概需要 10 分钟。

所谓的道高一尺魔高一丈吧，历经了恶心折磨的长颈鹿也变聪明了，它们在一棵金合欢树上啃吃叶子的时间，不会超过 10 分钟。一旦尝出毒素的苦味，就会寻找下一棵树。

金合欢也在不断调整战略。不甘示弱的它在释放毒素时，会同时释放一种类似于报警的气味，向周围的同伴们发出“敌人来了”的信号，大家团结起来，一起对抗入侵者。借着风势，方圆 50 米以内的金合欢都会接收到警报，它们会立刻释放出毒素。

针对此，长颈鹿也慢慢悟出了对付金合欢的方法，它们一旦发觉一棵树的叶子开始变苦，就会逆风向去寻找还没有接收到信号的那些树。

直到现在，金合欢和长颈鹿较劲的故事，还在继续，这个故事中，分不出谁胜谁负……

金合欢一方面要与草食动物协同进化，另一方面又为大型肉食动物提供了饱食草食动物的理想场所。炎阳下，只有金合欢树下凉快哦，以致它飘逸华丽的树冠下经常是累累白骨。因此，金合欢又是非洲草原上所有故事中魔鬼“出没”的地方，这也是金合欢在当地名声不好的原因。

金合欢可管不了这么多，它要对付的劲敌，还有大象和其他昆虫呢。

大象也喜欢啃食金合欢的树叶和树皮，象群所过之处，仿佛给植物做了一次失败的外科手术。如果任其大肆践踏、咀嚼，完全可

以将金合欢从生之地，变成空旷的草地。

金合欢这次采用的招数令人忍俊不禁：用微小的蚂蚁来对付自然界的超级大块头！

金合欢肯定知道小个子勇士大卫击败腓力士的巨人将军歌利亚的故事吧。

在金合欢的眼里，大象虽大，但也有类似阿喀琉斯之踵的死穴，那就是它长长的鼻子。阿喀琉斯是古希腊神话中的英雄，他因为被母亲握住脚踵浸入冥河，所以周身刀枪不入，结果脚踵未浸水处，竟成了“死穴”。

大象的“死穴”是长鼻子。它的鼻子里面布满了神经末梢，如果蚂蚁爬上或爬进大象的鼻子，这样的折磨会让外表强悍的大象抓狂。对于在鼻子内外攀爬刺蜇的蚂蚁，大块头只有干着急的分，却没有办法驱赶。因此，大象看见有小东西驻扎的金合欢树，都会绕着走，甘拜下风。

金合欢的巨刺一般都是空心刺，这刺可以是武器，也可以“装修”

成蚂蚁的卧室。当地的土壤在雨季来临时灌满了水，而到了旱季却变得干裂难耐，因此不适合蚂蚁在地下筑巢。金合欢便大大方方地邀请小蚂蚁住进来，并好吃好喝地招待它们，其目的很明确，那就是用小不点儿对付超级大块头。

小蚂蚁懂得“投之以李，报之以桃”，也懂得捍卫自己的家园。一旦发现有外来入侵者，不管对方是大块头还是小不点儿，小蚂蚁都会勇敢无畏地群起而攻之——当大象来啃食树皮、树叶时，小蚂蚁会爬上、爬进大象的鼻子猛蜇，令大块头灼痛难耐。而当它们发现天牛在金合欢树上钻孔的龌龊行径时，会通过吞食天牛的幼虫将它们消灭殆尽……

耐人寻味的是，科学家们试验，把金合欢用篱笆隔离起来，让大象、长颈鹿等大型动物吃不到它的枝叶。结果金合欢会很快出现病态，甚至停止生长，用不了几年还会一命呜呼。而没受保护、任由长颈鹿、大象啃吃的金合欢树依然长势良好。这样的结果，大大出乎研究人员做试验的初衷。

想当初，金合欢看到长颈鹿和大象再也吃不到自己时，兴奋得枝叶乱颤——终于可以平平安安、快快乐乐地栉风沐雨了。这和研究人员起初的想法一致。然而，金合欢高兴得太早了，它的哀愁也正是由此开始。

从被篱笆圈起来开始，金合欢觉得再也没必要讨好蚂蚁，于是便不愿意再费心费力地去制造空心刺和蜜汁了。这么一来，保镖小蚂蚁们不乐意了，你不仁，也别怪我们不义——金合欢的天敌天牛来了，小蚂蚁睁一只眼闭一只眼，听之任之，懒得去出击了。

因为金合欢树分泌的蜜汁少了，“僧多粥少”，小蚂蚁开始自谋出路——在金合欢树上饲养一种能分泌蜜汁的介壳虫来解馋。金合欢树停止分泌蜜汁后，小蚂蚁便成倍地扩展介壳虫饲养业。要知道，这种介壳虫是靠吸食金合欢树的汁液为生的。

可悲的是，另一种不负责任的蚂蚁也乘虚而入。这种蚂蚁不但不消灭天牛，还鼓动天牛到金合欢树上产卵，因为它们就住在天牛幼虫挖的洞里。即使金合欢树死了，对这种蚂蚁来说也无所谓，它们在死树上照样能生存，因为这些蚂蚁可以在别的地方觅食。

金合欢的灾难开始了！

金合欢也慢慢明白了，对自己来说，被食草动物吃掉一些叶子，反而有益于自身健康。因为长颈鹿会吃掉那些多余和干枯的叶子，这促进了新叶的生长。

至此，金合欢终于明白了——能被吃到，也是一种幸福哦；不允许食草动物的啃食，是得不偿失的，大象和长颈鹿才是自己给保镖小蚂蚁提供食宿背后的原动力！是自己没有珍惜长期以来和蚂蚁建立起来的友谊，现在后悔也来不及了……

呵呵，金合欢因为短视，不再犒劳自己的保镖蚂蚁，而让危害它们的昆虫乘虚而入，结果反而让自己陷入了绝境。

做试验用的篱笆很容易拆除，但是人类引起的非洲大型草食动物的减少，不同样是威胁金合欢性命的“篱笆”？金合欢、蚂蚁、大型食草动物构建的“战争与和平”，一旦被打破，后果将不是我们所能预料的。

因为一种威胁的消失而丧失警惕，这时另一种意想不到的威胁会突然跳出来给你一拳重击。

这种状况，在我们的日常生活中也常常出现，不要像金合欢那样追悔莫及哦！

石斛与飞鼠的生死与共

柔韧的茎蔓上，碧叶如羽。金黄色、藕形的茎节，成熟时有玉的质感,有古代仕女发髻上钗子的优雅。春夏,清灵娟秀的白色小花，从悬崖峭壁的崖缝里伸出头来，像是在吸吮白云时被定格了。一丛丛的纯白、亮绿与金黄，站在陡峭的崖畔，是一幅让人诧异的画。云雾是它头顶的诗，雨露也因它找到了存在的理由。

在神农架自然保护区里，当地人提起金钗石斛、津津乐道之时，不忘记为它涂抹上一层神秘的光环。说它择悬崖峭壁而生，怯阳喜光，既要采得太阳光直射谷底水面后的折射光与散射光，也要能听到溪流泉水的叮咚声才能生长，被道家列为“九大仙草”之首……

《本草纲目》称之为“千年润”,有滋阴清热、养胃生津、抗癌等效；《神农本草经》则说它是“本经上品”，自唐宋以来历代皇帝都把金钗石斛列为上等贡品；用金钗石斛的鲜茎泡水喝，是梅兰芳、马连良等著名艺术家润嗓的良方……可谓声名远扬。

的确，兰科附生植物金钗石斛，生长在海拔 1800 米以上、人迹罕至的悬崖峭壁上，稀少而珍贵，采摘它有时还会付出生命的代价。

即便如此，野生金钗石斛的身影，依然在减少，已经走到濒危的边缘。20 世纪 90 年代，金钗石斛被列为国家重点保护野生中药材。

金钗石斛的根，是一种罕见的海绵状组织，对生长环境内水分和通气状况的要求极为苛刻。最好的生存状态，是以须根紧紧抓住腐殖质聚集的岩石缝隙，饮用岩缝水和夜晚的露水。石壁上过多的黏土和水分，都会让金钗石斛的根腐烂导致植株枯萎；而在干燥的石壁上它一样生长不良。重要的，金钗石斛的生命里，一定不能没有一种动物的粪便，即所谓的“有土不生，无粪不长”。这粪，来自金钗石斛的好朋友鼯鼠，当地人称飞鼠。

不知从何时起，“仙乐飘飘”的金钗石斛，与飞鼠建立了友好邦交，这对跨越性情和种族的伙伴，从此互惠互利、你侬我侬。

飞鼠非常喜欢金钗石斛散发出来的香味。在飞鼠看来，这种花不但好闻，而且还会帮助自己发育（金钗石斛体内含一种促使飞鼠发育的生长激素）。于是，飞鼠常常去拜访金钗石斛，临走时不会忘记“施肥”。而金钗石斛的生命，因有鼯鼠粪便（五灵脂）的滋养变得茂盛葱茏；依靠飞鼠，金钗石斛还免去了来自其他生物的蚕食。

金钗石斛的卫士飞鼠，重约 10 千克，面似狐、眼如猫、嘴如鼠、耳像兔、爪像鸭，这种“五不像”动物，就像是从另一个星球来的。当它从高处向低处跳跃时，前后肢之间两片薄薄的蹼膜便如机翼般张开，可以滑翔 500 米左右。飞鼠就栖息在金钗石斛附近的石缝中，一旦发现谁胆敢侵犯自己领地上的金钗石斛时，即刻前往保护它的植物朋友，毫不迟疑。

金钗石斛选择生长在悬崖绝壁上，大概是想图清净、远离人类。然而，人类为了自己的私欲，全然不顾金钗石斛是怎么想的，甚至，也不顾及自己的性命。药农采摘金钗石斛时，先将绳子的一端牢牢拴在悬岩顶的大树上或凸起的尖岩上，另一端系在自己腰上，然后顺绳而下，在峭壁上寻找挖掘金钗石斛。

这种盗取金钗石斛的做法，让它的好友飞鼠“义愤填膺”。仿佛从天而降，飞鼠会扑到药农的吊绳前狠命啃咬，直至咬断绳索、药农坠崖而亡。类似的事情经历多了，采药人慢慢明白了这一草一鼠之间的关系。于是，采药人看到飞鼠啃咬绳索时会射杀；后来稍微人道点，想出一个专门对付飞鼠的办法：在绳索外套上一节节竹筒，飞鼠上前啃咬时，竹筒会呼啦啦转动起来，竹筒内的绳索则毫发无损。在人所谓的智慧面前，相对弱小的石斛和飞鼠，便无可奈何了，它们生存的空间，亦愈发狭小。

以往看古典神话小说《白蛇传》和《西游记》时，其中的盗仙草情节总有神兽、妖孽等护卫，需一番厮杀，战胜护卫后方可获得。一直以为这不过是神话。待我知晓了愿为金钗石斛“两肋插刀”的飞鼠后才明白，原来，“仙草”的跟前，真的有“生死与共”的护卫。

集天地之灵气，吸日月之精华。金钗石斛，依然充满神奇地长在悬崖壁缝里，从生境到形态，从药效到与一种动物建立起来的“友谊”，都让人仰视。

多么希望所有的人都仰视它们，别再打扰它们。

树与鸟的生死恋

"砰——"的一声枪响后，世界上最后一只渡渡鸟应声倒地。鲜血，染红了卡伐利亚树的果实。

这是1861年，卡伐利亚树的年轮中永远镌刻着这个年份——自从人类登上了毛里求斯岛，之后的200个年轮中，一群群肥硕可爱、温顺笨拙的渡渡鸟，相继倒在卡伐利亚树的浓荫下，倒在人类的棍棒、枪口等贪欲之火中。

自从渡渡鸟一只只倒在血泊中后，目睹了整个悲剧的卡伐利亚树，从此不再有种子发芽！即使人类采用最先进的方法处理种子，也唤不醒沉睡其中的那一抹新绿，像是要为渡渡鸟殉情。

难道，卡伐利亚树被渡渡鸟的悲惨遭遇吓傻了？当地一位植物学家失望地写道："看来，岛上残存的那几棵卡伐利亚树死去之后，它们就要在地球上灭绝了。人类眼看着这种珍贵树种走向灭绝，竟不知道究竟是为什么？"

的确，在渡渡鸟消失后的300年里，曾经遍布全岛的森林之王——卡伐利亚树，仅仅剩下了13棵！从1861年起，再也没有见过有新生命冒出地面……

时光倒退到16世纪前。四面环水的火山岛国毛里求斯，也曾一片祥和，“鸢飞戾天，鱼跃于渊”，椰林树影，百鸟欢唱。

岛上随处可见的卡伐利亚树，拥有30米的身高、4米的树围，高大俊朗、器宇轩昂。幽静的林下，一群群体长1米，和火鸡差不多大小的渡渡鸟，一边摇摆着肥硕的屁股、一边悠闲地啄食卡伐利亚树交给它们的果实。这果实太多了，多到大鸟们似乎永远也吃不完。

岛上也没有大鸟的天敌。不用为食物发愁的渡渡鸟，翅膀一天天退化了，天空里再也看不到它们飞翔的痕迹。

夏日里偶尔张开的双翅，只是为了让自己更凉爽一些。

噩梦，是随葡萄牙殖民者首次登陆毛里求斯的海滩而开始的。

起初，当一群体态肥硕、步履蹒跚的渡渡鸟在岛上发现人这种动物时，竟毫不畏惧地凑上前去，过分热情地表达着它们对人类的亲昵。

可是，渡渡鸟毫无戒备的举止，换来的却是殖民者血腥的棍棒——不会飞，也跑不快的渡渡鸟，很快成为人类的饕餮大餐。鱼贯而来、带着来复枪和猎狗的欧洲殖民者，残酷地辜负了渡渡鸟的满腔热情！

他们甚至不屑地称大鸟为“dodo”——葡萄牙语“笨笨”的意思。

渡渡鸟的数量开始日益减少。在见到人类不到200年的时间里，渡渡鸟从毛里求斯岛彻底消失了。卡伐利亚树从高空悲痛地注视着这一切却无能为力。树们忘不掉一只只渡渡鸟倒在自己脚下时，充满恐惧和绝望的眼睛。

其实，这种树的日子，也好不到哪里去——人类也看中了它坚硬细密的木质，继而大肆砍伐，300 年后，岛上仅余 13 棵！它们是要决绝地追寻渡渡鸟而去吗？

直到 1981 年，美国生态学家坦布尔教授来到毛里求斯。他深入研究后得出结论：渡渡鸟与卡伐利亚树相依为命，树为鸟提供食物，鸟为树播种，它们生死相依、唇亡齿寒。

原来，卡伐利亚树的种子外面，包裹着一层坚硬的外壳，种子本身无法冲破，必须借助渡渡鸟强大的胃液消化一部分后，才能发芽、生长。所以，没有了渡渡鸟，这种树便不育。

坦布尔把与渡渡鸟习性相似的火鸡整整饿了一周，强迫它吃下卡伐利亚树的果实。种子经由火鸡的肠胃消化后被排到体外。坦布尔把它种进苗圃，不久，苗圃里真的长出了久违的绿芽！——卡伐利亚树这次惊奇地发现，人类居然帮助了它，而不再是谋害它！

然而，渡渡鸟却永远离开了我们，连一架完整的骨骼都没有留下。如今，我们只能从化石、从图片、从著名童话《爱丽丝漫游奇境记》中，感受它的笨拙与可爱，在内心描摹“爱用莎士比亚的姿势思考问题”的渡渡鸟的音容笑貌。

同样，永远离开我们的还有 1914 年死去的旅鸽，1981 年消失在我国异龙湖的异龙鲤……它们走了，我们还在。

孤独的人类，是多么可耻！

人类，也是生物链上的一环，没有了这些物种的陪伴，下一个灭绝的，就是人类。

棕树和它的房客

绯红的晚霞中，蝙蝠们列队飞离棕树，这是棕树一天中最为惬意的时光。成千上万只蝙蝠，用黑色的翅膀滑过薄明的空气，扇动出优美的和声。

在棕树看来，这是值得期待的黑色之歌，眼前点点飞翔的黑色，是棕树和整个动物界对话的颜色。

不知何时，身高十余米的棕树，它的枝丫间，缀满了蝙蝠，远望如一个个黑色的果实。棕树茎秆笔直挺拔，亭亭玉立。无数巨大的羽状叶片朝四方伸展，编织成绿伞状的球形树冠。伞下茂密的枝叶间，是无数房客蝙蝠，它们白天睡大觉、傍晚集体外出觅食。

在棕树的眼里，这些“房客”不仅会唱歌，还是自己的好朋友。棕树和蝙蝠之间，已经建立了良好的邦交，它们友好相处、其乐融融。

高高大大的棕树，为蝙蝠免费提供安静祥和的蜗居。蝙蝠也知恩图报，为棕树消灭害虫。更重要的，蝙蝠的粪便，是棕树上好的肥料。因为有成千上万只蝙蝠在棕树上安家落户，棕树周围的土地上，便覆盖了一层几十厘米厚的蝙蝠粪便。这些天然的肥料，滋养

得棕树愈发葱茏。

棕树和蝙蝠这对动植物朋友，就这样友爱互助，你好、我好，大家都好。

1913 年，当法国植物学家埃尔马诺・来翁在古巴首先发现栖满蝙蝠的棕树时，植物学家为这种棕树拟定了学名。当地人则形象地称这种棕树为“蝙蝠棕”。记得一篇媒体报道过，在我国晋江市永和镇旦厝村一处普通的民宅前，也有两棵十余米高的“蝙蝠棕”，树上栖息的蝙蝠多达上千只。每到夜幕降临，这些小家伙便像一个个优雅的滑翔伞运动员，展开双翅，在空中画出优雅的弧线。

其实，棕树和蝙蝠的这种友好邦交，并无约定性，并不是每一棵棕树，都可以交到蝙蝠朋友。蝙蝠通常喜欢栖息于孤立的地方，如山洞、缝隙、地洞或建筑物内，或栖息于人为干扰因素少的高大棕树上。

择棕树而居，只是蝙蝠偶然的决策，住得舒服，会呼朋引伴，大家伙儿一直住下去。如今，为数不多的蝙蝠和蝙蝠棕的相互守望，已经成为自然界动植物联盟间的一道绮丽风景。

蝙蝠和蝙蝠棕大概都知晓这首歌："遇上你是我的缘，守望你是我的歌……"

在美国西南部，有 130 多种植物完全依靠蝙蝠传粉受精、传宗接代。植物学家为这些植物起名为蝠爱植物。这种动植物之间的联盟，无关风景，却关乎生存。

对蝠爱植物来说，蝙蝠是自己生命中真正的"贵人"，是这些植物生命旋律中不可或缺的黑色之歌。一旦失去蝙蝠，蝠爱植物的日子将变得岌岌可危。

蝠爱植物肯定清楚这点，因此将自己花朵的结构，设计得尽量适应蝙蝠的生活习性。譬如花盘要大；拥有突出的多数雄蕊，猴面包树和龙舌兰在这方面做得尤为出色，猴面包树的一朵花就有 1500~2000 个雄蕊；在花朵中盛放大量蝙蝠爱吃的美味花蜜——轻木属植物的一朵花，可以产生 1.5 毫升的花蜜。为适应蝙蝠的夜行生活，蝠爱植物还将花朵的绽放时间定在夜间，并将花瓣的颜色选择成在夜晚比较醒目的白色或黄色。

此外，每当花朵盛开之际，蝠爱植物会向"媒人"蝙蝠派发出隆重的"请柬"——让花朵散发出强烈的霉味或果实一般的味道。蝙蝠们仗赖嗅觉访花，它们接到"请柬"后会火速赶来，赴一场花朵的盛宴。

在舔舐花蜜或吃花粉时，花粉不可避免地粘在蝙蝠的皮毛上，当蝙蝠赶赴另一朵花宴时，顺理成章地为蝠爱植物传递了花粉，成为这些植物传宗接代的功臣。

千百年来，蝙蝠因其长相和生活习性问题，一直生活在人类的误解中，这让蝙蝠们无比委屈。其实，天地间没有一种生命是独立于自然之外的，没有一种生命是邪恶、恐怖和没有价值的……

暮色，缓缓渗入树梢叶缝间，没有多少人知道，暗夜里有多少关于花朵和小动物间的“舞台剧”正在上映。

蝙爱植物芬芳的道路，不单指引蝙蝠为它们授粉，也可以让这个世界，多一些甜美的果实。在蝙爱植物的眼里，蝙蝠，是安静夜晚里一曲曲黑色的歌……

花柱草暴打“媒婆”

在春天的田野上，花团锦簇、蜂飞蝶舞。植物们争相用艳丽的花朵吸引“媒人”，用香甜的花蜜，招待“媒人”。作为回报，蜂蝶颠儿颠儿地帮植物传授花粉，促使雌雄花朵完婚。

在这成千上万场看似喜气洋洋的嫁娶中，没有谁在意少数“媒婆”的郁郁寡欢——前后被两朵花扇了两巴掌，却始终不明所以。

暴打“媒婆”的强势植物，叫花柱草。

单看花柱草的外形，你怎么也不会把它和强势这个词关联起来。茎秆和花朵都很纤细，花朵甚至显出柔弱无依的样子。

可就是这林黛玉似的花儿，却有着令人惊讶的“暴脾气”。一旦它感觉到昆虫落在自己的花瓣上，会以迅雷不及掩耳之势，抡圆了“胳膊”，给昆虫一个巴掌。

“人，不可貌相。”看来，也适用于一种植物。但挨揍的昆虫，却似乎不懂这个理。

在一切与昆虫以互惠互利为原则的花朵中，花柱草，显然是个另类。

花柱草是精明且有远见的。如果它像其他花儿那样制造出香味和花蜜，用食品来换取传播的话，无疑需要耗费体力和精力。聪明的花柱草让自己的两枚雄蕊和花柱长在一起（合蕊柱），从花中心伸出来，又向下弯曲成一个 U 形的长长的“手臂”，“手掌上”粘满了花粉。这个装备的神奇之处在于，“手臂”能够像扳机那样快速出击，“出击”的速度可以达到 0.015 米 / 秒。正因为此，花柱草被人们列入扳机植物(Trigger plants)。更神奇的是，花柱草将前来觅食的昆虫，设计为扳机的触动者，足见在花柱草与昆虫的“合作”中，花柱草是真真正正算计了昆虫。

当一只昆虫刚刚落脚花瓣，花柱草即一巴掌扇过去，快速准确地将自己的花粉，撒在了昆虫的背上。被这一巴掌打蒙了的昆虫，受惊吓后会立即起飞，乖乖地带着花粉飞向另一朵花柱草。在这只倒霉的昆虫挨了另一巴掌后，花柱草完成了异花授粉。

可怜的昆虫，给花柱草做媒时，似乎只有受伤的分。

我一直很疑惑，花柱草最初到底经历了什么？又从哪里获得了灵感？竟然设计出依靠欺负小昆虫这种不怎么地道的方式传宗接代？若站在事件中受伤害的一方，昆虫们为什么不长记性呢？昆虫之间就挨打这件事情不彼此交流吗？

有人说，花柱草快速运动的原因，是由于昆虫的刺激，引起了花柱草膜电位的改变，使钾离子外流，最终造成运动细胞内膨压改变而引起的。那被昆虫刺激的植物多了，为什么只有花柱草运用了如此强悍的传粉方式？

到目前为止，没有人告诉我答案。

但是，当我看见花柱草神奇地向昆虫“抡巴掌”时，我在心中还是禁不住为它喝彩，没法移动的弱小植物，也可以居高临下，让能跑会飞的动物为自己免费效力呵。

如果你错过了观看小昆虫被暴打的瞬间，可以用自己的手指模仿昆虫，去感受一下花柱草“抡巴掌”的力度。在你的手指被打这一刻，你肯定会和我一样感叹：这花柱草究竟是一种动物，还是一种植物？

一般地，在花柱草“抡过巴掌”之后，“手掌”在接近花瓣处会停留几分钟，之后合蕊柱开始慢慢恢复，数小时至一天后恢复到原来的位置。恢复的时间越长，其积蓄的能量也会越大，下一次“出击”，就会更加强劲和迅速。

永远不要以貌取“人”，在这场昆虫与植物的博弈中，处于劣势的昆虫，没有好好总结过，我来替它们总结一下吧。

草木如光
烛照未来

祁云枝
2024.2.24